Meier · Zeitaufwandtafeln für die Kalkulation von Straßen- und Tiefbauarbeiten

EWALD MEIER

ZEITAUFWAND TAFELN

für die Kalkulation von Straßen- und Tiefbauarbeiten

5., überarbeitete Auflage

BAUVERLAG GMBH · WIESBADEN UND BERLIN

Die Deutsche Bibliothek – CIP Einheitsaufnahme

Meier, Ewald:
Zeitaufwandtafeln für die Kalkulation von Straßen- und Tiefbauarbeiten / Ewald Meier. – 5., überarb. Aufl. – Wiesbaden ; Berlin : Bauverl., 1995
ISBN 978-3-528-01684-5
NE: HST

Die Abbildungen aus DIN-Normen wurden wiedergegeben mit Erlaubnis des DIN Deutsches Institut für Normung e. V.
Maßgebend für das Anwenden der Normen ist deren Fassung mit dem neuesten Ausgabedatum, die bei der Beuth Verlag GmbH, Burggrafenstraße 6, 10787 Berlin, erhältlich ist.

1. Auflage 1973
2. Auflage 1977
3. Auflage 1982
4. Auflage 1991
5. Auflage 1995

Gesamtherstellung: Wiesbadener Graphische Betriebe GmbH, Wiesbaden
ISBN-13: 978-3-528-01684-5 e-ISBN-13: 978-3-322-80185-2
DOI: 10.1007/ 978-3-322-80185-2

Vorwort

Eine der wichtigsten Grundlagen jeder Baukalkulation stellen sorgfältig ermittelte Werte für den Zeitaufwand für jede einzelne Bauleistung dar. Soweit möglich, wird sich ein Kalkulator auf die Ergebnisse von Nachkalkulationen stützen, die dabei ermittelten Werte aber den Gegebenheiten der Baustelle entsprechend abwandeln.

Auch der routinierteste Kalkulator, der über gründliche Erfahrung und Beobachtungsgaben verfügt, wird immer wieder Bauleistungen im voraus zu berechnen haben, deren Ablauf er aus der Praxis oder aus der Theorie zwar kennt, über die ihm aber keine fundierten Werte für den Zeitaufwand zur Verfügung stehen.

Die Entwicklung von Technik und Wirtschaft greift unmittelbar in die Belange des Kalkulators ein. Sie findet ihren Niederschlag in den Zeitaufwandtafeln. Ihre Wirkung beeinflußt die Organisation auf Baustellen aller Art und schlägt sich letztlich im Wettbewerb nieder. Auch der Einzug der EDV-Anlagen im Kalkulationsbereich fordert den „Zeitaufwand“ des Kalkulators.

Deshalb hat der Verfasser versucht, eine große Anzahl von Erfahrungswerten übersichtlich nachschlagbar vorzulegen. Er will damit nicht dazu anregen, diese Arbeitszeiten unkritisch in die eigene Kalkulation zu übernehmen. Er ist sich vielmehr darüber im klaren, daß diese jeweils auf die Verhältnisse auf der Baustelle zugeschnitten werden müssen.

Die nun vorgelegte 5., überarbeitete Auflage trägt auch den aus asbestfreiem Faserzement und aus glasfaserverstärktem Polyesterharz hergestellten Rohren und Verbindungen Rechnung.

Zur besseren Übersicht sind alle Tabellenspalten, die keinen Zeitaufwand erhalten, unterlegt worden. Dadurch wird das Aufsuchen des Zeitaufwandes in den weißen Tabellenspalten erleichtert.

Für die Unterstützung, die mir bei der Bearbeitung der neuen Auflage aus der Fachwelt zuteil geworden ist, sei an dieser Stelle gedankt. Anregungen, die der Weiterentwicklung des Buches dienen können, werden meiner Aufmerksamkeit nicht entgehen.

Ewald Meier

Inhaltsverzeichnis

1. Straßenbauarbeiten . . . 10
1.1 Betonkantensteine verlegen . . . 10
1.2 Gehwegplatten aus Beton verlegen . . . 10
1.3 Mosaikpflaster verlegen . . . 10
1.4 Bordsteine verlegen . . . 11
1.5 Betonstraßenbau . . . 13
1.6 Bituminöser Straßenbau . . . 14
1.7 Asphalt auf bituminösem Unterbau herstellen . . . 15
1.8 Bituminöse Fahrbahndecken – ZTV bit – StB 84 . . . 16
1.9 Pflasterverlegung . . . 21
1.10 Fugenverguß . . . 23
1.11 Packlage aufnehmen und herstellen . . . 23
1.12 Promenadenbefestigung . . . 24
1.13 Roh- und Feinplanum herstellen . . . 25
1.14 Steinmetzarbeiten im Straßenbau . . . 26
1.15 Decken aus Schotter und Geröll aufbrechen und herstellen . . . 27
1.16 Asphalt und bituminösen Unterbau aufbrechen . . . 27

2. Rohrleitungsbau . . . 28
2.1 Rohre verlegen . . . 28
2.2 Bodenverdrängung durch Rohre . . . 28
2.3 Rohrverbindungen herstellen . . . 29
2.4 Keilschieber . . . 31
2.5 Rundschnitte an Stahlrohren . . . 32
2.6 Rohrverbindungen (Stahl) . . . 33
2.7 Krümmer und Einsteckmuffen . . . 34
2.8 Abdrücken und Abdichten von Stahlrohren . . . 34
2.9 Isolierarbeiten an Stahlrohren . . . 35
2.10 Eternit-GFK-Rohre aus glasfaserverstärktem Polyesterharz . . . 36
2.11 Eternit Kanalrohre aus asbestfreiem Faserzement . . . 42
2.12 Kanalrohre – Kupplungen und Formstücke . . . 48
2.13 Einsteigeschächte . . . 52
2.14 Rohrverbindungen von Abwasserdruckrohren . . . 55
2.15 Außendichtungen von Schraub- und Stemmuffenverbindungen . . . 55
2.16 Verstärkung von Gasrohren im Muffenbereich . . . 56
2.17 Schneiden von Gußrohren . . . 56
2.18 Reduzierstücke aus Stahl herstellen . . . 57
2.19 Rohrstutzen anschweißen . . . 58
2.20 Entgasen von Leitungen . . . 60
2.21 Prüfen von Gasdruckleitungen . . . 61
2.22 Außenisolierungen . . . 63
2.23 Innenisolierungen . . . 65
2.24 Formstücke aus duktilem Gußeisen einbauen . . . 68
2.25 Steigeisen aus Gußeisen ein- bzw. ausbauen . . . 79
2.26 Rohrleitungen für Dichtigkeitsprüfung verschließen . . . 79
2.27 Kanalabschnitte instand setzen . . . 80
2.28 Verbindungen lösen . . . 81
2.29 Unterflur-Hydranten . . . 82

2.30 Stopfen verschweißen 82
2.31 Blech- und Rohrlängsschweißnähte 83

3. Erdarbeiten für Rohrleitungs- und Kanalbau 84
3.1 Fundament-, Kabel- und Rohrgräben herstellen 84
3.2 Bodenaushub für Rohrgräben mit Gerät 91
3.3 Ein- und Aussteifen von Kabel- und Rohrgräben 94
3.4 Grasnarbe abstechen, Einsanden der Kabel 95
3.5 Grabenverbau mit Stahlspundbohlen 96
3.6 Ein- und Ausbau von Brücken 97
3.7 Betonaufbruch über Gräben im Rohrleitungsbau 97
3.8 Mauerwerks- und Betondurchbrüche 98

4. Kanalschächte 99
4.1 Kabelschächte aus Mauerwerk 99
4.2 Kabelschächte aus Stahlbeton-Fertigteilen 100

5. Kanallinien 101
5.1 Kabelkanal-Formsteine aus Beton verlegen 101
5.2 Kabelverlegung 101
5.3 Kabel an Ankerschienen befestigen 102
5.4 Straßenunterfahrung 103

6. Straßenabläufe und Sickerschächte 104
6.1 Straßenabläufe nach DIN 4052 einbauen 104
6.2 Aufsätze für Straßenabläufe 104
6.3 Straßenabläufe nach DIN 4052 regulieren 105
6.4 Betonteile für Straßenabläufe nach DIN 4052 106
6.5 Sickerschacht herstellen im Absenkverfahren 107
6.6 Sickerschächte aus Betonringen 108
6.7 Schachtabdeckungen für Einstiegschächte verlegen 108

7. Transporte und Zwischentransporte 109
7.1 Transporte auf Stadtstraßen, Bundesstraßen und Autobahnen 109
7.2 Zwischentransporte auf Baustellen 110

8. Bodenauflockerung 111
8.1 Auflockerungsfaktoren 111

9. Grundwasserabsenkung im Rohrleitungsbau 112
9.1 Erläuterung 112
9.2 Optische Kennung von Korngrößen 112
9.3 Aufbau einer Bohrbrunnenanlage 113
9.4 Lohnkosten für den An- und Abtransport der erforderlichen Geräte 115
9.5 Aufstellen einer Pumpenzentrale 116
9.6 Bedienen der Anlage 117
9.7 Einbau und Ausbau von Bohrbrunnen 117
9.8 Bohrbrunnen 118
9.9 Fehlbohrungen 119
9.10 Unterwasserpumpen 120
9.11 Vorhaltekosten der Geräte 121

9.12 Wasserhaltung mit Vakuumfiltern 123
9.13 Verlegen von Rohrleitungen auf vorbereitete Auflager 124
9.14 Verlegen von Schnellkupplungsrohren und Formstücken 124
9.15 Sohlverbesserungsschichten 125
9.16 Anlegen von Pumpensümpfen in Rohrgräben 126
9.17 Entleeren von Druckrohrleitungen 127

10. Verkehrslenkung 130
10.1 Kennzeichnen der Baustelle nach der StVO 130
10.2 Markierung der Fahrbahn 130

Stichwortverzeichnis 131

1. Straßenbauarbeiten

1.1 Betonkantensteine verlegen

Breite cm	Tiefe cm	Länge cm	Zeitaufwand h/m	Anzahl der Steine Stück/m
6	20	50	0,22	2
6	20	100	0,25	1
6	25	50	0,25	2
6	25	100	0,27	1
8	25	50	0,31	2
8	25	100	0,34	1
8	30	50	0,34	2
8	30	100	0,38	1
10	30	50	0,45	2
10	30	100	0,48	1
11,5	7,1	24	0,12	4
7,1	24	11,5	0,25	8
16	14	16	0,20	6
16	14	24	0,23	4

1.2 Gehwegplatten aus Beton verlegen

Breite cm	Tiefe cm	Länge cm	Zeitaufwand h/m²	Anzahl der Platten Stück/m²
30	4	30	0,45	11
35	5	35	0,51	8
40	5	40	0,49	6
25	5	50	0,52	8
75	5	50	0,58	2,6
50	5	50	0,55	4
50	6	50	0,56	4
40	4,5	40	0,48	6
25	4	25	1,10	16,6
15	5	15	2,80	43
20	4	20	1,65	25
–	–	–	–	–
–	–	–	–	–
–	–	–	–	–

1.3 Mosaikpflaster verlegen

Größe mm	Zeitaufwand h/m²
60	1,15
50	1,20
40	1,35

1.4 Bordsteine verlegen

1.4.1 Bordsteine aus Naturstein

Nach DIN 482 A_1 bis A_5, B_6, B_7

			Zeitaufwand h/m, h/m³, h/Stück						
Lfd. Nr.	Art der Arbeit	m³ m Stück	A_1	A_2	A_3	A_4	A_5	B_6	B_7
1	Aufnehmen	m	0,55	0,45	0,38	0,40	0,36	0,30	0,28
2	Aufladen auf Lkw	m	0,24	0,18	0,20	0,16	0,19	0,16	0,16
3	Abladen von Lkw	m	0,18	0,15	0,16	0,15	0,15	0,14	0,14
4	Auskoffern Klasse 3 bis 5	m³	1,55	1,65	1,65	1,65	1,58	1,45	1,45
5	Einbringen von Sand	m³	1,45	1,58	1,58	1,58	1,58	1,55	1,55
6	Einbringen von Beton	m³	1,70	1,73	1,73	1,73	1,65	1,55	1,55
7	Verlegen in Geraden	m	0,85	0,73	0,79	0,72	0,75	0,68	0,65
8	Verlegen im Bogen (gemittelt)	m	1,05–1,45	0,90–1,30	0,95–1,38	0,90–1,30	0,93–1,29	0,80–1,00	0,80–1,00
9	Verlegen in Einfahrten	m	1,20	1,15	1,20	1,12	1,18	0,95	0,92
10	Verfugen	m	0,18	0,17	0,17	0,16	0,17	0,15	0,15
11	Köpfe anarbeiten	Stück	0,73	0,61	0,63	0,60	0,63	0,55	0,50
12	Schnurkante nacharbeiten	m	1,20	0,93	0,95	0,95	0,92	0,70	0,65
13	Fase nacharbeiten	m	1,40	1,38	1,40	1,38	1,37	–	–

1.4.2 Bordsteine aus Beton

Nach DIN 483 H_1 bis H_4, T_1 bis T_4

			Zeitaufwand h/m, h/m³, h/Stück							
Lfd. Nr.	Art der Arbeit	m m³ Stück	H_1	H_2	H_3	H_4	T_1	T_2	T_3	T_4
1	Aufnehmen	m	0,49	0,40	0,38	0,36	0,40	0,31	0,28	0,20
2	Aufladen auf Lkw	m	0,23	0,21	0,20	0,19	0,16	0,16	0,16	0,12
3	Abladen von Lkw	m	0,17	0,16	0,16	0,15	0,15	0,14	0,14	0,11
4	Auskoffern Klasse 3 bis 5	m³	1,55	1,65	1,65	1,58	1,65	1,45	1,45	1,45
5	Einbringen von Sand	m³	1,45	1,58	1,58	1,58	1,58	1,55	1,55	1,55
6	Einbringen von Beton	m³	1,70	1,73	1,73	1,65	1,73	1,55	1,55	1,55
7	Verlegen in Geraden	m	0,83	0,79	0,79	0,75	0,72	0,68	0,68	0,60
8	Verlegen im Bogen (gemittelt)	m	1,00–1,50	0,93–1,45	0,95–1,38	0,93–1,29	0,90–1,30	0,80–1,00	0,80–1,00	0,80–1,00
9	Verlegen in Einfahrten	m	1,15	1,18	1,20	1,18	1,12	0,95	0,95	0,85
10	Verfugen	m	0,17	0,17	0,17	0,17	0,16	0,15	0,15	0,15
11	Köpfe anarbeiten	Stück	0,69	0,67	0,63	0,63	0,60	0,55	0,55	0,50
12	Bordsteine auslegen	m	0,15	0,15	0,13	0,13	0,13	0,11	0,10	0,08
13	Bordstein-Fundamente abbrechen	m	0,82	0,69	0,65	0,58	0,49	0,30	0,30	0,28

1.5 Betonstraßenbau

Die Zeitaufwandwerte beruhen auf folgenden Annahmen:
Einsatz von 1000 l-Mischern, Einbau mit Großgerät, anteilige Berechnung der Schalung. Antransport des Betons ist nicht eingeschlossen.

Art der Arbeit	Unterbeton				Oberbeton			
	Dicke der Schichten							
	10 cm	20 cm	25 cm	30 cm	5 cm	7 cm	10 cm	18 cm
	h/m²	h/m²	h/m²	h/m²	h/m²	h/m²	h/m²	h/m²
Schalung auslegen und transportieren	0,08	0,08	0,10	0,10	–	–	–	0,10
Schalung setzen	0,18	0,18	0,21	0,21	–	–	–	0,21
Schalung einölen	0,06	0,06	0,06	0,06	–	–	–	0,06
Planum nacharbeiten	0,10	0,10	0,10	0,10	–	–	–	0,10
Unterlagspapier auslegen	0,04	0,04	0,04	0,04	–	–	–	0,04
Beton herstellen	0,04	0,08	0,12	0,16	0,08	0,12	0,16	0,28
Beton einbringen	0,08	0,08	0,12	0,12	0,08	0,10	0,12	0,14
Beton verteilen	0,05	0,06	0,07	0,08	0,12	0,12	0,11	0,10
Beton verdichten	0,08	0,08	0,09	0,09	0,10	0,10	0,10	0,12
Beton bearbeiten	0,16	0,16	0,16	0,16	0,20	0,20	0,20	0,20
Beton anspritzen	0,04	0,04	0,04	0,04	0,04	0,04	0,04	0,04
Beton nachbehandeln	0,02	0,02	0,02	0,02	0,02	0,02	0,02	0,02
Betonschalung entfernen	0,08	0,08	0,09	0,09	–	–	–	0,09
Betonschalung säubern	0,12	0,12	0,12	0,12	–	–	–	0,12
Unterhalten des Betons bis zu 21 Tage	0,42	0,42	0,42	0,42	0,42	0,42	0,42	0,42
Verlegen der Läuferschiene (Flacheisen)	0,06	0,06	0,06	0,06	–	–	–	0,06
Zeitaufwand insgesamt:	1,61	1,66	1,82	1,87	1,06	1,12	1,17	2,10

1.6 Bituminöser Straßenbau

1.6.1 Regelbauweise Bauklasse SV I–V

Schnellverkehrsstraße SV 4.1		
Art der Arbeit	cm	h/t
Gußasphalt	4	3,90
Binderschicht	8	2,60
Bituminöse Tragschicht	18	2,30
Kiestragschicht	20	1,80

Hauptverkehrsstraße II 4.2		
Art der Arbeit	cm	h/t
Gußasphalt	4	3,90
Binderschicht	8	2,60
Bituminöse Tragschicht	8	2,30
Kiestragschicht	25	1,80

Sammelstraße IV 4.1		
Art der Arbeit	cm	h/t
Gußasphalt	4	3,90
Bituminöse Tragschicht	10	2,30
Schottertragschicht	20	1,85

Anliegerstraße V 3.2		
Art der Arbeit	cm	h/t
Deckschicht	4	2,45
Bituminöse Tragschicht	8	2,30
Schottertragschicht	20	1,85

1.6.2 Bituminöse Decken F > 500 m²

Deckenarten	Einbaugewicht in kg/m² je steigender cm	Einbau h/t	Walzarbeiten h/m²
Gußasphalt	24	3,90	–
Teerbeton	22	2,05	0,12
Asphaltbeton	23	2,00	0,12
Asphaltfeinbeton	23	2,12	0,15
Sandasphalt	24	3,31	–
Mischmakadam	21	1,85	0,12
Einstreudecken	22	1,95	0,09
Schotterdecken	80	1,32	0,10

1.6.3 Bindemittel aufspritzen im Heiß- und Kaltverfahren

Art der Arbeit	kg/m²	heiß h/kg	kalt h/kg	heiß oder kalt maschinell h/kg
Erstbehandlung	1,5–2,0	0,06	0,05	0,03
Nachbehandlung	1,0–1,2	0,05	0,03	0,02
Doppelte Behandlung	2,0–3,5	0,12	0,08	0,04
Vorspritzen gereinigter Decken	0,5–1,0	0,04	0,03	0,02

1.7 Asphalt auf bituminösem Unterbau herstellen

Lfd. Nr.	Art der Arbeit	Dicke in cm	Zeitaufwand h/m²
1	Vermörtelung	–	0,42
2	Bitukies einbauen	5,0	0,11
3	Abwalzen	–	0,08
4	Anspritzen	–	0,04
5	Bitukies einbauen	5,0	0,11
6	Abwalzen	–	0,07
7	Anspritzen	–	0,03
8	Bitukies einbauen	5,0	0,11
9	Abwalzen	–	0,07
10	Grobbinder einbauen	4,0	0,18
11	Abwalzen	–	0,08
12	Feinbinder einbauen	3,0	0,15
13	Abwalzen	–	0,08
14	Gußasphalt verlegen	4,0	0,43
			1,96

1.8 Bituminöse Fahrbahndecken – ZTV bit – StB 84

1.8.1 Oberflächenschutzschichten

Einfache Oberflächenbehandlung

Einbaumenge kg/m²	Körnung mm			Zeitaufwand h/m²
10–19	5/8	–	8/11	0,12

Doppelte Oberflächenbehandlung

Einbaumenge kg/m²		Körnung mm			
1. Schicht	9–15	–	–	8/11	0,15
2. Schicht	7–13	–	5/8	–	0,15
1. Schicht	7–13	–	5/8	–	0,12
2. Schicht	6–11	2,5	–	–	0,12
1. Schicht	12–16	–	–	8/11	0,15
2. Schicht	10–12	–	5/8	–	0,15

1.8.2 Asphalt- und Teerasphaltbinder

Körnung 0/22 mm

Schichtdicke in cm	0 bis 300 m² h/m²	300 bis 500 m² h/m²	über 500 m² h/m²
6	0,38	0,34	0,28
7	0,44	0,40	0,33
8	0,50	0,46	0,38
9	0,54	0,53	0,42
10	0,58	0,53	0,45

Körnung 0/16 mm

3	0,19	0,17	0,14
4	0,25	0,23	0,18
5	0,31	0,28	0,24
6	0,38	0,34	0,28
7	0,44	0,40	0,33
8	0,50	0,46	0,38

1.8.3 Tragdeckschichten

Körnung 0/16 mm

Schichtdicke in cm	0 bis 300 m² h/m²	300 bis 500 m² h/m²	über 500 m² h/m²
5	0,23	0,17	0,11
8	0,36	0,27	0,18
10	0,46	0,34	0,23
12	0,55	0,41	0,27
15	0,69	0,49	0,34
16	0,73	0,54	0,37
18	0,82	0,60	0,41
20	0,88	0,67	0,46

1.8.4 Bituminöse Schlämme (eine Schicht)

Körnung 0/2 mm

Einbaumenge kg/m²	0 bis 500 m² h/m²	500 bis 1000 m² h/m²
2, 4 und 6	0,08	0,05

1.8.5 Asphalt- und Teerasphaltbeton

Warmeinbau

Körnung 0/11 mm

Schichtdicke in cm	0 bis 300 m² h/m²	300 bis 500 m² h/m²	über 500 m² h/m²
5	0,19	0,15	0,12
5,5	0,20	0,15	0,12
6	0,20	0,18	0,12
6,5	0,22	0,18	0,15
7	0,22	0,18	0,15

Körnung 0/8 mm

5	0,20	0,15	0,13
5,5	0,20	0,15	0,13
6	0,20	0,15	0,13

Körnung 0/5 mm

4,5	0,15	0,12	0,10
5	0,20	0,12	0,10
5,5	0,20	0,15	0,10
6	0,20	0,15	0,10

Heißeinbau

Körnung 0/16 mm

Schichtdicke in cm	0 bis 300 m² h/m²	300 bis 500 m² h/m²	über 500 m² h/m²
4	0,20	0,17	0,13
5	0,22	0,19	0,15
6	0,25	0,21	0,17

Körnung 0/11 mm

3,5	0,17	0,15	0,11
4	0,20	0,17	0,13
4,5	0,22	0,19	0,15
5	0,22	0,19	0,15

Körnung 0/8 mm

3 3,5 4	0,15 0,17 0,20	0,13 0,15 0,17	0,10 0,11 0,13

Körnung 0/5 mm

2 2,5 3	0,17 0,15 0,15	0,15 0,13 0,13	0,09 0,10 0,10

1.8.6 Splittmastixasphalt

Körnung 0/11 mm

Schichtdicke in cm	0 bis 300 m^2 h/m^2	300 bis 500 m^2 h/m^2	über 500 m^2 h/m^2
2,5 3 4 5	0,19 0,19 0,25 0,30	0,15 0,15 0,20 0,22	0,12 0,12 0,18 0,20

Körnung 0/8 mm

2 3 4	0,15 0,15 0,18	0,13 0,13 0,15	0,12 0,12 0,14

Körnung 0/5 mm

1,5 2 2,5 3	0,15 0,15 0,17 0,17	0,13 0,13 0,15 0,15	0,12 0,12 0,14 0,14

1.8.7 Gußasphalt

Körnung 0/11 mm

Schichtdicke in cm	0 bis 300 m^2 h/m^2	300 bis 500 m^2 h/m^2	über 500 m^2 h/m^2
3 3,5 4 4,5 5	0,33 0,38 0,43 0,46 0,49	0,31 0,34 0,39 0,44 0,48	0,28 0,32 0,37 0,42 0,46

Körnung 0/8 mm

2,5 3 3,5	0,25 0,30 0,35	0,22 0,25 0,30	0,20 0,22 0,22

Körnung 0/5 mm

2 2,5 3	0,25 0,28 0,30	0,22 0,24 0,26	0,20 0,20 0,20

1.8.8 Asphaltmastix für Deckschichten

Körnung 0/2 mm Einbaugewicht 15–25 kg/m²

0 bis 500 m²	0,12 h/m²	Abstreuen: 0,16 h/m²

1.9 Pflasterverlegung

1.9.1 Großpflaster, Reihensteine oder Kopfsteine

Größen nach DIN 18 502

1 + 2 = 160×160 bis 160×220
3 + 4 = 140×140 bis 140×200
5 = 120×120 bis 120×180

Art der Arbeit	Größe 1	Größe 2	Größe 3	Größe 4	Größe 5
	h/m²	h/m²	h/m²	h/m²	h/m²
Großpflaster aufnehmen	0,25	0,25	0,27	0,27	0,29
Planum durcharbeiten	0,10	0,10	0,10	0,10	0,10
Pflasterkies einbringen					
5 cm dick	0,06	0,06	0,06	0,06	0,06
Pflaster herstellen	0,58	0,58	0,62	0,62	0,65
Pflaster einschlämmen	0,08	0,08	0,08	0,08	0,08
Pflaster abrammen	0,36	0,36	0,39	0,39	0,40
Pflaster abdecken 2 cm	0,04	0,04	0,04	0,04	0,04
Pflaster in Karren laden	0,17	0,17	0,18	0,18	0,19
Pflaster 30 m transportieren	0,26	0,26	0,26	0,26	0,26
Zusammen h/m²	1,90	1,90	2,00	2,00	2,07

1.9.2 Kleinsteinpflaster

Größen nach 2-I DIN 18 502

1 = 100×100×100
2 = 90× 90× 90
3 = 80× 80× 80

Art der Arbeit	Größe 1	Größe 2	Größe 3
	h/m²	h/m²	h/m²
Kleinsteinpflaster aufnehmen	0,17	0,17	0,17
in Karren laden	0,08	0,10	0,12
30 m transportieren	0,05	0,05	0,05
Kleinsteinpflaster herstellen			
= im Netzverband	0,55	0,65	0,72
= in Reihen	0,66	0,71	0,75
= im Bogen	0,53	0,55	0,58
Kleinsteinpflaster abrammen	0,18	0,18	0,18
Kleinsteinpflaster einschlämmen	0,11	0,11	0,11
Kleinsteinpflaster abdecken 1 cm	0,02	0,02	0,02

1.9.3 Klinker- oder Ziegelsteinpflaster

Art der Arbeit	Flachschicht			Hochkantschicht		
	Reihen	Block	Fischgräte	Reihen	Block	Fischgräte
	h/m²	h/m²	h/m²	h/m²	h/m²	h/m²
Pflaster aufnehmen:						
in Sand	0,11	0,12	0,13	0,18	0,19	0,22
in Zementmörtel	0,22	0,22	0,25	0,28	0,31	0,40
in Karren laden	0,07	0,08	0,09	0,11	0,13	0,15
30 m transportieren	0,09	0,09	0,09	0,17	0,17	0,17
Pflaster herstellen	0,45	0,48	0,51	0,58	0,64	0,68
Pflaster rammen	0,08	0,08	0,08	0,11	0,11	0,11
Pflaster ausfugen	0,44	0,46	0,46	0,88	0,92	0,92

1.9.4 Verbundsteinpflaster

Art der Arbeit	Dicke in cm		
	6 ± 5	8 ± 5	10
	h/m²	h/m²	h/m²
Planum herstellen	0,10	0,10	0,10
Verdichten des Planums	0,08	0,08	0,08
Abziehen des Planums	0,03	0,03	0,03
Kies 15 cm dick einbringen	0,15	0,15	0,15
Kies 15 cm dick verdichten	0,10	0,10	0,10
Abziehen der Kiesschicht	0,04	0,04	0,04
Verbundstein in Karren laden	0,07	0,09	0,12
Verbundsteine 30 m transportieren	0,10	0,11	0,11
Verteilen der Verbundsteine	0,11	0,11	0,11
Verbundsteine herstellen	0,58	0,60	0,63
Verbundsteine einfegen	0,08	0,08	0,08
Verbundsteine abrütteln	0,16	0,19	0,20
Zusammen h/m²	1,60	1,68	1,75

1.10 Fugenverguß

mit Bitumen

Die Zeitaufwandwerte enthalten das Kochen der Masse, die Transporte, das Säubern der Kessel.

mit Zementmörtel

Die Zeitaufwandwerte enthalten das Anmachen des Zementmörtels, die Transporte.

Art der Arbeit	h/m	h/m²	h/m²
	Dehnungsfugen	Großpflasterfugen	Kleinpflasterfugen
Fugen 5 cm tief auskratzen	0,06	0,16	0,22
Fugen stopfen			
Fugen vergießen	–	0,20	0,41
1. Guß	0,07	0,15	0,32
2. Guß	0,03	0,12	0,28
3. Guß	–	0,08	–
	0,16	0,71	1,23
Fugen 5 cm tief auskratzen	–	0,16	0,22
Mit Zementmörtel vergießen	–	0,45	0,69
	–	0,61	0,91

1.11 Packlage aufnehmen und herstellen

Art der Arbeit	Dicke der Packlage in cm			
	20 cm	25 cm	30 cm	35 cm
	h/m²	h/m²	h/m²	h/m²
Packlage aufbrechen	0,60	0,80	0,90	0,98
Feinplanum herstellen	0,09	0,09	0,09	0,09
Planum verdichten	0,10	0,10	0,10	0,10
Packlage verteilen	0,18	0,18	0,20	0,20
Packlage setzen	0,60	0,65	0,70	0,77
Packlage verzwicken	0,10	0,13	0,15	0,21
Packlage einsanden	0,08	0,11	0,14	0,19
Packlage einschlämmen	0,12	0,12	0,15	0,15
Packlage abwalzen	0,09	0,11	0,11	0,13
	1,36	1,49	1,64	1,84
Aufnehmen und Herstellen zusammen	1,96	2,29	2,54	2,82

1.12 Promenadenbefestigung

Leistungen: Lehm-Schlackegemisch im verdichteten Zustand 5 cm stark auf 10 cm starken Unterbau aus Grobschotter 60/80 (Ziegel- oder Betonschotter) herstellen, einschlämmen und abwalzen. Mit Grünsteinsplitt 1/5 (Körnung 20 kg/m²) abdecken. (Ohne Planumsarbeiten)

Lohn:	Schotter 60/80 oder ähnliche Stoffe		
	in Karren laden	0,10 h/m²	
	Transport 30 m	0,07 h/m²	
	Einbringen und Verteilen	0,08 h/m²	
	Abwalzen	0,08 h/m²	
	Einschlämmen mit Sand	0,04 h/m²	
	Schlacke sieben	0,08 h/m²	
	Schlacke mit Lehm mischen 1:3	0,09 h/m²	
	Mischgut einbringen	0,05 h/m²	
	Abwalzen der Packe von Hand	0,11 h/m²	
	Wässern	0,03 h/m²	
	Abdecken mit Grünsteinsplitt 1/5	0,02 h/m²	
	Zusammen	0,75 h/m²	
	Mittellohn DM ..../h		= ..... DM
Material:	Schotter 60/80 (12 cm dick)	.... DM/m²	
	Sand zum Einschlämmen (3–4 cm)	.... DM/m²	
	Wasser 20 l	.... DM/m²	
	Schlacke	.... DM/m²	
	Lehm 7 cm	.... DM/m²	
	Grünsteinsplitt 20 kg	.... DM/m²	
	Zusammen	.... DM	..... DM
Sonst. Kosten:	..... % Zuschlag auf Lohn	.... DM	
	..... % Zuschlag auf Material		
	von	.... DM	
		.... DM	..... DM
			..... DM

1.13 Roh- und Feinplanum herstellen

Fahrbahnen, Geh- und Radwege

Art der Arbeit	Dicke cm/cm²	Bodenarten nach DIN 18 300		
		3 h/m²	4 h/m²	5 h/m²
Abtrag	5	0,05	0,06	0,08
	10	0,10	0,11	0,12
	15	0,15	0,17	0,19
	20	0,20	0,22	0,25
Auftrag	5	0,03	0,05	0,07
	10	0,07	0,10	0,12
	15	0,11	0,13	0,15
	20	0,16	0,18	0,20
Auf- und Abtrag	5	0,03	0,05	0,07
	10	0,06	0,08	0,10
	15	0,09	0,11	0,13
	20	0,12	0,14	0,16
Feinplanum ±	2 cm/m²	0,09		0,13

1.14 Steinmetzarbeiten im Straßenbau

Bordsteine bearbeiten bzw. aufarbeiten

(Bordsteine, Naturstein DIN 482, Größen A 1, A 3, A 5)

Art der Leistung	A 1 h/Stück	A 2 h/Stück	A 3 h/Stück
Auftrittsfläche stocken	0,54	0,39	0,32
Fase (Anlauf) an Bordsteine stocken	0,38	0,36	0,33
Auftrittsfläche spitzen und stocken	0,82	0,62	0,41
Fase (Anlauf) spitzen und stocken	0,64	0,51	0,45
Querspalt an Bordsteinen	0,16	0,14	0,12
Köpfe rechtwinklig anarbeiten	0,50	0,45	0,40
Pflasterkante an Bordsteinen anarbeiten	0,19	0,19	0,18
Brückenborde abspalten	0,76	0,73	0,67
Schnurkanten anarbeiten (Feinarbeit)	0,89	0,89	0,89
Fasen mit starkem Verschleiß (Motten) bearbeiten	1,10	1,08	1,08

Sonstige Leistungen	h/Stück
Plattenkanten an Kunststeinplatten gerade anarbeiten pro Platte	0,16
Innenbogen an Kunststeinplatten bearbeiten	0,28
Außenbogen an Kunststeinplatten bearbeiten	0,22
Ausklinken von Kunststeinplatten (Schieber, Kappen, Hydranten usw.)	0,30
Verbundsteine 6, 8, 10 cm dick winkelrecht arbeiten	0,08

1.15 Decken aus Schotter und Geröll aufbrechen und herstellen

Konstruktionsdicke	Aufbrechen h/m²	Herstellen h/m²
bis 10 cm	0,44	0,64
15	0,50	0,70
20	0,56	0,75
25	0,64	0,83
30	0,79	0,95
35	0,91	1,10
40	1,05	1,25
50	1,20	1,42

1.16 Asphalt und bituminösen Unterbau aufbrechen

Konstruktionsdicke	Aufbrechen h/m²
bis 5 cm	0,22
7	0,28
10	0,48
15	0,65
20	0,80
25	0,92
30	1,05

2. Rohrleitungsbau

2.1 Rohre verlegen

aus Beton und Stahlbeton, Guß, Stahl, Steinzeug in h/m

DN	Guß-, Stahlrohre 1 m	Steinzeug-Rohre 1 m	Betonfalz-Rohre 1 m	Beton-Muffen-Rohre 1 m	Stahlbeton-Rohre 1 m	Stahlbeton-Rohre über 2,50 m
40	0,35	–	–	–	–	–
50	0,35	–	–	–	–	–
65	0,40	–	–	–	–	–
80	0,48	–	–	–	–	–
100	0,53	0,73	–	–	–	–
125	0,65	0,80	–	–	–	–
150	0,70	0,90	–	–	–	–
200	0,80	0,95	0,86	1,05	–	–
250	1,00	1,10	0,90	1,21	3,50	4,38
300	1,25	1,24	1,14	1,36	4,00	5,00
350	1,40	1,51	1,40	1,66	–	–
400	1,60	1,74	1,50	1,90	5,35	6,69
450	1,90	2,55	1,61	2,79	6,00	7,50
500	2,10	3,00	1,80	3,44	6,65	8,31
600	2,60	3,40	–	4,44	8,00	10,00
700	3,15	–	–	–	9,35	11,69
800	3,60	–	–	–	10,70	13,38
900	4,10	–	–	–	–	–
1000	4,80	–	–	–	–	–
1100	5,90	–	–	–	–	–
1200	7,15	–	–	–	–	–

2.2 Bodenverdrängung durch Rohre

DN	Guß/Stahl m^3/m	Steinzeug m^3/m	Stahl-Beton m^3/m
350	0,11	0,13	–
400	0,14	0,17	0,20
450	0,19	0,21	–
500	0,22	0,26	0,31
600	0,32	0,36	0,43
700	0,43	0,49	0,58
800	0,56	–	0,76
900	0,70	–	0,93
1000	0,86	–	1,13
1100	1,04	–	1,35
1200	1,24	–	1,59

2.3 Rohrverbindungen herstellen

2.3.1 Stahl- oder Gußrohre, pro Stück

DN	Technische Schweißverbindungen		Handwerkliche Verbindungen		
	Kehlnaht	Stumpfnaht	Stemmuffen	Schraubmuffen	Flanschen
40	1,40	1,55	1,00	0,35	0,35
50	1,55	1,85	1,15	0,35	0,40
65	1,60	2,00	1,25	0,35	0,45
80	2,24	2,15	1,35	0,50	0,53
100	2,65	2,65	1,45	0,50	0,65
125	3,00	3,15	1,85	0,55	0,72
150	3,61	3,85	2,05	0,63	0,81
200	4,15	4,65	2,50	0,71	0,95
250	4,95	5,40	2,85	0,95	1,05
300	5,18	6,00	3,65	1,25	1,45
350	5,88	6,95	4,15	1,45	1,60
400	6,49	7,65	4,70	1,50	1,83
450	7,02	8,30	5,20	1,60	2,40
500	7,85	9,35	6,85	1,79	2,85
600	8,68	10,20	8,19	–	3,15
700	12,39	11,05	11,10	–	4,20
800	14,15	17,05	12,35	–	5,05
900	18,05	19,45	14,20	–	6,00
1000	19,55	23,05	17,95	–	7,20

2.3.2 Steinzeugrohre – PVC-Rohre pro Stück

DN	Steinzeugrohre	DN	PVC DIN 8061/62
100	0,18	40	0,35
125	0,22	56	0,40
150	0,26	63	0,46
200	0,30	75	0,50
250	0,49	90	0,65
300	0,68	110	0,70
350	0,72	125	0,85
400	0,76	140	0,95
450	0,95	160	1,05
500	1,45		
600	1,73		

2.3.3 Beton- und Stahlbetonrohre

DN	Beton h/m	Stahlbeton h/m
100	–	–
150	–	–
200	0,65	–
250	0,80	1,55
300	1,05	2,00
350	1,30	–
400	1,65	2,61
500	2,18	3,15
600	2,85	3,05
700	–	3,55
800	–	4,02
900	–	4,85
1000	–	5,30

2.4 Keilschieber

Einbau bzw. Ausbau pro Stück

Flachschieber		Rundschieber		Ovalschieber	
DN	h/Stück	DN	h/Stück	DN	h/Stück
Einbau					
40	1,65	40	2,00	40	1,95
50	1,83	50	2,31	50	2,25
65	1,95	65	2,85	65	2,70
80	2,05	80	3,15	80	3,05
100	2,33	100	3,85	100	3,38
125	2,78	125	4,00	125	3,50
150	3,05	150	4,12	150	3,65
200	3,40	200	4,69	200	4,41
250	4,01	250	6,05	250	4,89
300	5,16	300	7,59	300	6,55
350	5,89			350	8,35
400	7,58			400	9,20
450	8,17			450	11,05
500	9,64			500	13,20
600	12,15			600	15,10
Ausbau					
40	1,30	40	1,70	40	1,48
50	1,45	50	1,85	50	1,68
65	1,61	65	2,15	65	1,99
80	1,85	80	2,51	80	2,41
100	2,05	100	2,95	100	2,60
125	2,25	125	3,15	125	2,85
150	2,40	150	3,45	150	3,05
200	2,55	200	3,95	200	3,25
250	3,15	250	5,18	250	4,13
300	4,05	300	6,45	300	5,21
350	5,25			350	6,15
400	6,15			400	7,95
450	6,60			450	8,39
500	7,45			500	9,81
600	9,15			600	11,15

2.5 Rundschnitte an Stahlrohren

DN	Glatter Schnitt h/Stück	Glatter Schnitt u. einseitige Fase h/Stück	Anfasen h/Stück
50	0,50	0,61	0,30
80	0,58	0,75	0,45
100	0,60	0,79	0,50
150	0,67	0,92	0,61
200	0,73	0,98	0,70
250	0,88	1,00	0,76
300	0,96	1,08	0,88
350	1,08	1,16	0,90
400	1,16	1,26	0,98
500	1,40	1,49	1,30
600	1,61	1,78	1,45
700	1,85	1,96	1,63
800	1,97	2,16	1,72
900	2,16	2,45	1,88
1000	2,80	3,15	2,01

2.6 Rohrverbindungen (Stahl)

DN	Technische Schweißverbindungen Stumpfnähte mit einer Abweichung von 2°–20°				
	2°	4°	10°	15°	20°
40	1,40	1,98	2,36	2,85	3,15
50	1,85	2,40	2,85	3,40	4,00
80	2,60	2,95	3,60	4,15	4,85
100	3,45	4,00	4,52	5,00	5,40
150	4,50	5,00	5,39	5,46	6,00
200	5,00	5,32	5,61	6,00	6,45
250	5,65	5,95	6,40	6,70	6,95
300	5,85	6,20	6,82	7,00	7,48
400	6,50	6,85	7,15	7,95	8,20
500	8,00	8,55	9,05	9,15	9,65
600	9,35	10,05	10,80	12,50	13,15
700	11,00	12,10	13,65	15,05	16,10
800	14,60	15,85	16,92	18,31	19,65

DN	Technische Schweißverbindungen Kehlnähte mit einer Abweichung von 2°–20°				
	2°	4°	10°	15°	20°
40	1,25	1,88	2,15	2,65	3,05
50	1,49	2,15	2,65	3,05	3,80
80	2,40	2,65	3,12	3,95	4,65
100	3,40	3,81	4,40	4,85	5,20
150	4,35	4,70	5,00	5,82	5,95
200	4,80	5,00	5,41	6,05	6,40
250	5,45	5,66	6,02	6,65	6,85
300	5,60	6,15	6,45	6,95	7,15
400	6,31	7,15	7,30	7,35	7,95
500	7,35	8,55	8,65	8,85	9,30
600	9,15	9,65	10,00	11,80	12,80
700	10,65	11,00	12,86	13,60	15,50
800	13,21	14,15	15,20	16,50	18,10

2.7 Krümmer und Einsteckmuffen

DN	Krümmer mit Stumpfnähten h/Stück	Einsteckmuffen bördeln h/Stück
50	1,95	1,10
80	2,25	1,30
100	2,65	1,50
150	3,75	1,75
200	4,83	2,08
250	5,98	2,45
300	6,97	3,06
350	7,81	3,71
400	8,91	4,12
500	11,00	4,55
600	12,69	6,15
700	15,20	7,61
800	19,15	8,05
900	21,60	8,87
1000	22,95	9,65

2.8 Abdrücken und Abdichten von Stahlrohren

DN	Be- und Entwässe-rungs-Leitungen Druck prüfen (Betriebsdruck) h/Stück	Rohrleitungen abdichten h/Stück
100	2,15	0,65
150	3,20	0,73
200	4,00	0,81
250	5,05	0,95
300	6,15	1,15
350	6,85	1,45
400	7,00	1,80
500	8,30	2,60
600	9,20	3,20
700	13,15	4,65
800	15,10	7,80
900	17,90	9,05
1000	24,80	11,20

2.9 Isolierarbeiten an Stahlrohren

DN	Außenisolierungen im Bereich der Schweißnaht h/m²	Innenisolierungen im Bereich der Schweiß-naht mit Bitumen h/m²
50	0,20	–
80	0,23	–
100	0,35	–
150	0,40	–
200	0,61	0,68
250	0,82	0,71
300	0,95	0,88
350	1,30	1,00
400	1,41	1,10
500	1,60	1,20
600	1,81	1,30
700	1,95	1,60
800	2,10	1,90
900	2,80	2,10
1000	3,60	2,40

2.10 Eternit-GFK-Rohre aus glasfaserverstärktem Polyesterharz

Nennweite DN	Serie	Kanalrohre Typ J SN: 2500 N/m² SR: 0,02 N/mm² PN: 1 bar h/m	Kanalrohre Typ K SN: 5000 N/m² SR: 0,04 N/mm² PN: 1 bar h/m	Kanalrohre Typ C SN: 10000 N/m² SR: 0,08 N/mm² PN: 1 bar h/m
300	2	1,25	1,30	1,35
(300)	3	1,28	1,32	1,38
350	2	1,40	1,45	1,50
400	2	1,58	1,62	1,70
400	3	1,65	1,70	1,75
500	2	2,00	2,05	2,10
500	3	2,10	2,15	2,20
600	1	2,60	2,70	2,75
700	1	3,00	3,10	3,15
800	1	3,30	3,40	3,50
900	1	3,80	3,90	3,95
(900)	2	3,85	3,95	3,95
1000	1	4,65	4,70	4,75
(1100)	3	5,55	5,60	5,65
1200	1	6,00	6,05	6,10
1400	1	7,00	7,10	7,20
(1500)	3	7,95	8,00	8,00
1600	1	8,50	8,55	8,55
1800	1	9,50	10,00	10,00
2000	1	11,50	11,55	11,55
(2200)	1	13,00	13,00	13,00
2400	3	14,00	14,00	14,00

( ) Nur nach Vereinbarung

2.10.2 Druckrohre PN 4 und PN 10

Nennweite DN	Serie	Druckrohre Typ 4 J SN: 2500 N/m² SR: 0,02 N/mm² PN: 4 bar h/m	Druckrohre Typ 10 K SN: 5000 N/m² SR: 0,04 N/mm² PN: 10 bar h/m	Druckrohre Typ 10 C SN: 10000 N/m² SR: 0,08 N/mm² PN: 10 bar h/m
300	2	1,30	1,35	1,38
(300)	3	1,30	1,40	1,45
350	2	1,40	1,45	1,50
400	2	1,60	1,65	1,70
400	3	1,60	1,65	1,70
500	2	2,05	2,15	2,20
500	3	2,15	2,15	2,20
600	1	2,65	2,70	2,70
700	1	3,05	3,10	3,15
800	1	3,35	3,40	3,45
900	1	3,95	4,00	4,14
(900)	2	4,00	4,05	4,25
1000	1	4,55	4,65	4,75
(1100)	3	5,60	5,65	5,70
1200	1	6,05	6,10	6,15
1400	1	7,00	7,10	7,20
(1500)	3	7,95	8,05	8,15
1600	1	8,55	8,85	9,00
1800	1	9,55	9,95	10,45
2000	1	11,50	11,65	11,70
(2200)	1	13,00	13,00	13,00
2400	3	14,00	14,00	14,00

( ) Nur nach Vereinbarung

2.10.3 Druckrohre PN 6

Nennweite DN	Serie	Druckrohre Typ 6 J SN: 2500 N/m² SR: 0,02 N/mm² PN: 6 bar h/m	Druckrohre Typ 6 K SN: 5000 N/m² SR: 0,04 N/mm² PN: 6 bar h/m	Druckrohre Typ 6 C SN: 10000 N/m² SR: 0,08 N/mm² PN: 6 bar h/m
300	2	1,28	1,32	1,35
(300)	3	1,30	1,35	1,37
350	2	1,40	1,45	1,50
400	2	1,60	1,65	1,70
400	3	1,67	1,70	1,75
500	2	2,05	2,10	2,10
500	3	2,15	2,15	2,20
600	1	2,65	2,70	2,70
700	1	3,05	3,10	3,15
800	1	3,35	3,40	3,50
900	1	3,78	3,90	3,95
(900)	2	3,90	3,95	3,95
1000	1	4,55	4,65	4,75
(1100)	3	5,60	5,65	5,65
1200	1	6,05	6,10	6,10
1400	1	7,00	7,10	7,20
(1500)	3	7,95	8,00	8,00
1600	1	8,55	8,55	8,60
1800	1	9,55	9,95	10,00
2000	1	11,50	11,55	11,60
(2200)	1	13,00	13,00	13,00
2400	3	14,00	14,00	14,00

( ) Nur nach Vereinbarung

2.10.4 Druckrohre PN 16, 20 und 25

Nennweite DN	Serie	Druckrohre Typ 16 C SN: 10000 N/m² SR: 0,08 N/mm² PN: 16 bar h/m	Druckrohre Typ 20 C SN: 10000 N/m² SR: 0,08 N/mm² PN: 20 bar h/m	Druckrohre Typ 25 C SN: 10000 N/m² SR: 0,08 N/mm² PN: 25 bar h/m
300	2	1,35	1,38	1,40
(300)	3	1,35	1,38	1,40
350	2	1,45	1,48	1,50
400	2	1,65	1,68	1,70
400	3	1,65	1,68	1,70
500	2	2,15	2,17	2,20
500	3	2,15	2,17	2,20
600	1	2,70	2,70	
700	1	3,10	3,10	
800	1	3,40	3,40	
900	1	4,05		
(900)	2	4,05		
1000	1	4,65		
(1100)	3	5,65		
1200	1	6,10		

( ) Nur nach Vereinbarung

2.10.5 Segmentkrümmer

Nennweite DN	R mm	PN max. bar	a = 11¼° a = 22½° a = 30° h/Stück	a = 45° a = 60° a = 90° h/Stück
300	450	16	1,25	1,40
350	525	16	1,30	1,50
400	600	16	1,35	1,60
500	750	16	1,40	1,85
600	900	10	1,55	2,00
700	1050	10	1,60	2,40
800	1170	10	1,85	2,65
900	1200	6	2,00	2,90
1000	1270	6	2,20	3,20
1100	1320	6	2,25	3,40
1200	1370	6	2,50	3,60
1400	1470	4	2,90	3,95
1500	1570	4	3,10	4,20
1600	1670	4	3,55	4,65
1800	1870	4	4,00	5,10
2000	2070	4	4,55	5,50
2200	2250	4	4,90	5,95
2400	2400	4	5,25	6,35

2.10.6 Flansche

Typ A: lose Flansche
Typ B: feste Flansche

Typ A DN	Schrauben	Zulage-Zeitaufwand in h/m	Typ B DN	Schrauben	Zulage-Zeitaufwand in h/m
300	12×M 20	0,75	300	12×M 20	0,69
350	16×M 20	0,77	350	16×M 20	0,72
400	16×M 24	0,80	400	16×M 24	0,75
500	20×M 24	0,83	500	20×M 24	0,78
600	20×M 27	0,85	600	20×M 27	0,81
700	24×M 27	0,90	700	24×M 27	0,84
800	24×M 30	0,95	800	24×M 30	0,87
900	28×M 30	1,00	900	28×M 30	0,92
1000	28×M 33	1,05	1000	28×M 33	0,97
1200	32×M 36	1,15	1200	32×M 36	1,06
1400	36×M 39	1,25	1400	36×M 39	1,10

2.10.7 FWC Kupplungen PN 1–6, 10, 16, 20 und 25

Nennweite DN	Serie	PN 1–6 h/Stück	PN 10 h/Stück	PN 16 h/Stück	PN 20 h/Stück	PN 25 h/Stück
300	3	0,80	0,80	0,80	0,80	0,80
350	2	0,85	0,85	0,90	0,90	0,90
400	2	0,85	0,85	0,90	0,90	0,90
400	3	0,88	0,88	0,93	0,93	0,93
500	2	0,95	0,95	0,95	1,00	1,00
500	3	0,95	0,95	0,95	1,00	1,00
600	1	1,00	1,00	1,10	1,10	
700	1	1,10	1,10	1,15	1,15	
800	1	1,15	1,15	1,25	1,30	
900	1	1,20	1,20	1,30		
900	2	1,20	1,20	1,30		
1000	1	1,30	1,30	1,40		
1100	3	1,35	1,35	1,50		
1200	1	1,40	1,50	1,60		
1400	1	1,45	1,60			
1500	3	1,50	1,65			
1600	1	1,55	1,70			
1800	1	1,65				
2000	1	1,70				
2200	1	1,95				
2400	3	2,15				

2.11 Eternit-Kanalrohre aus asbestfreiem Faserzement

2.11.1 Rohrverlegung

DN/DI	Klasse	h/m
100	B	0,53
125	B	0,65
150	B	0,70
200	B	0,80
250	B	1,00
300	B	1,25
350	B	1,40
400	A	1,60
400	B	
450	A	1,90
450	B	
500	A	2,10
500	B	
600	A	2,60
600	B	
700	A	3,15
700	B	
800	A	3,60
800	B	
900	A	4,10
900	B	
1000	A	4,80
1000	B	
1100	A	5,90
1100	B	
1200	A	7,15
1200	B	
1300	A	8,35
1300	B	
1400	A	9,50
1400	B	
1500	A	10,85
1500	B	

2.11.2 Rohrverbindungen und Formstücke

Benennung	DN	h/Stück	Benennung	DN	h/Stück	Benennung	DN	h/Stück
REKA-	100	0,65	REKA-	400	0,85	REKA-	100	0,60
Kupplung	125	0,68	Kupplung	450	0,88	Lang-	125	0,71
	150	0,71		500	0,91	kupplung	150	0,73
RKG	200	0,75	RKK	600	1,00	aus-	200	0,75
100–350	250	0,79	400–2000	700	1,03	winkelbar	250	0,77
Klasse B	300	0,81	Klasse	800	1,08		300	0,79
	350	0,85	A + B	900	1,12	RKGW	350	0,81
				1000	1,14	100–350	400	0,85
				1100	1,16	Klasse B	450	0,90
				1200	1,20		500	0,95
				1300	1,23	RKKW	600	1,05
				1400	1,26	400–1000	700	1,15
				1500	1,30	Klasse	800	1,30
						A + B	900	1,40
							1000	1,50

Benennung	Kurzzeichen	Schnittzeichnung	Sinnbild	Einsatzbereich
REKA-Kupplung	**RKG**	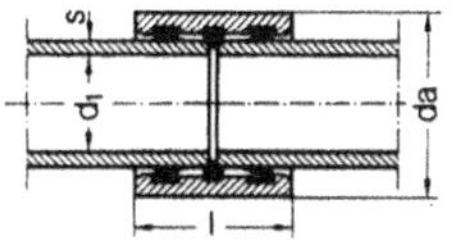		DN 100–350 Klasse B
REKA-Kupplung	**RKK**	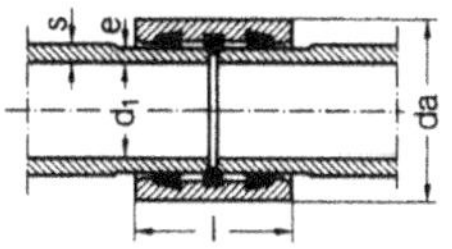		DN 400–2000 Klasse A und B**)
REKA-Langkupplungen, auswinkelbar	**RKGW** **RKKW**	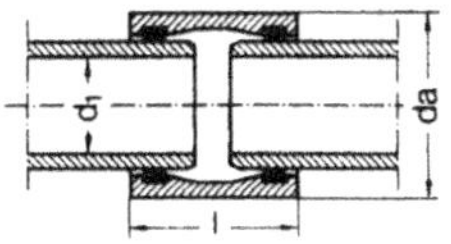		DN 100–350 Klasse B DN 400–1000 Klasse A und B*)

*) Größere Nennweiten auf Anfrage
**) DN 400–600 Einheitskupplung für Klasse A und B, ab DIN 1600 Einheitskupplung für alle Wanddicken

Benennung	DN	h/Stück	Benennung	DN	h/Stück	Benennung	DN	h/Stück
REKA-	100	0,62	End-	100	0,50	Übergangs-	100	0,68
Übergangs-	125	0,68	verschluß	125	0,55	manschette	125	0,72
kupplung	150	0,71		150	0,58	auf PVC	150	0,76
	200	0,77	EGP	200	0,62	und	200	0,85
RGUK	250	0,84	100–350	250	0,65	Steinzeug		
100–350	300	0,86	Klasse B	300	0,70	oder Beton		
Klasse B	350	0,90		350	0,74			
	400	1,00				UM		
RKUK	450	1,10				100–200		
400–500	500	1,20				Werkstoff:		
Klasse B						Gummi		
RGUP								
150								
Klasse B								

Benennung	Kurzzeichen	Schnittzeichnung	Sinnbild	Einsatzbereich
REKA-Übergangs-kupplungen	**RGUK** **RKUK** **RGUP**	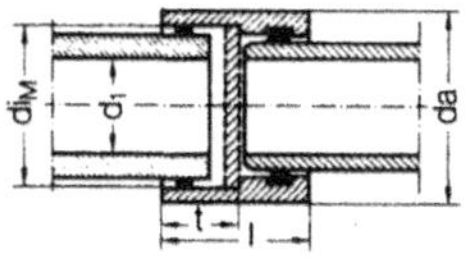		DN 100–350 Klasse B DN 150 Klasse B
Endverschluß	**EGP**	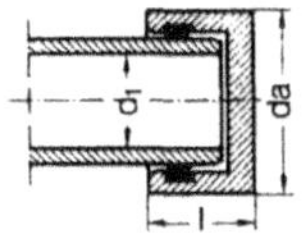		DN 100–350 Klasse B
Übergangs-manschette auf PVC und Steinzeug oder Beton	**UM**	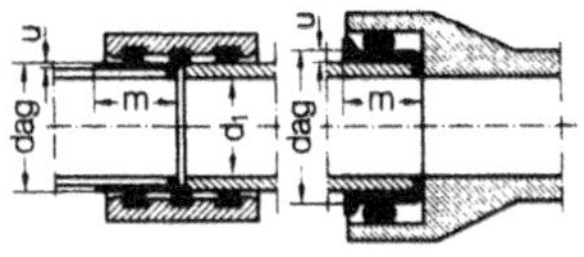		DN 100–200 Werkstoff: Gummi

Benennung	DN	h/Stück	Benennung	DN	h/Stück	Benennung	DN	h/Stück
Abzweig 45°	100	0,70	Abzweig 90°	100	0,70	Sattel-	200	1,22
	125	0,81		125	0,81	Stutzen 45°	250	1,48
EEC	150	0,92	EEB	150	0,92		300	1,69
100/100–	200	1,05	100/100–	200	1,05	ESC	350	2,00
600/300	250	1,15	600/300	250	1,15	200/600/150	400	2,51
	300	1,30		300	1,30		450	2,68
	350	1,48		350	1,48		500	2,85
	400	1,55		400	1,55		600	3,00
	450	1,70		450	1,70			
	500	1,85		500	1,85			
	600	1,95		600	1,95			

Benennung	Kurzzeichen	Schnittzeichnung	Sinnbild	Einsatzbereich
Abzweig 45°	**EEC**	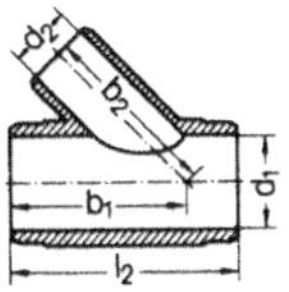		DN 100/100 bis 600/300
Abzweig 90°	**EEB**	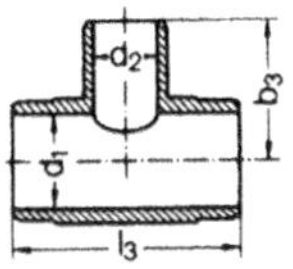		DN 100/100 bis 600/300
Sattelstutzen 45°	**ESC**	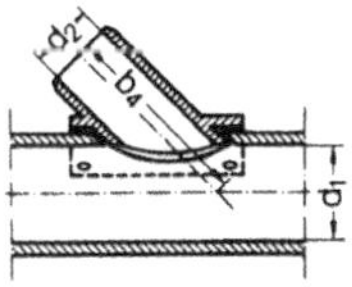		DN 200–600/150 DN 250–600/200

Benennung	DN	h/Stück	Benennung	DN	h/Stück	Benennung	DN	h/Stück
Abzweig-	150	0,92	Bauwerk-	100	0,60	Bogen	100	0,82
stutzen 90°	200	1,05	stutzen	125	0,62		125	0,86
	250	1,15		150	0,66	EEK	150	0,89
AB	300	1,30	ESE	200	0,68	α = 15°,	200	0,96
150–600	350	1,48	100–2000	250	0,70	30°, 45°	250	0,99
	400	1,55	Klasse	300	0,74	100–400	300	1,11
	450	1,70	A + B	350	0,76	Klasse	350	1,20
	500	1,85		400	0,80	A + B	400	1,25
	600	1,95		450	0,83	α = 90°		
				500	0,91	100–200		
				600	0,99	Klasse B		
				700	1,09			
				800	1,21			
				900	1,40			
				1000	1,50			

Benennung	Kurzzeichen	Schnittzeichnung	Sinnbild	Einsatzbereich
Abzweigstutzen 90°	**AB**	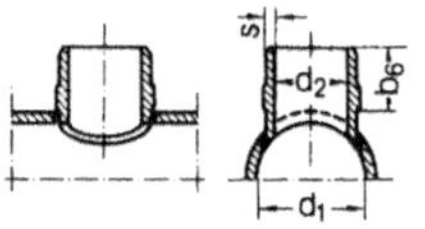		Stutzen: DN 150–600
Bauwerkstutzen	**ESE**	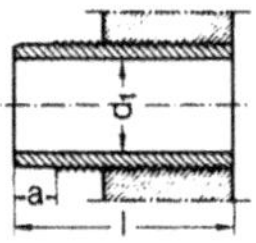		DN 100–2000 für Klasse A und B**)
Bogen	**EEK**	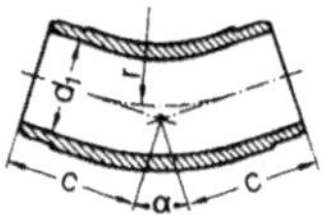		α = 15°, 30°, 45° DN 100–400 Klase A und B α = 90° DN 100–200 Klasse B

**) DIN 400–600 Einheitskupplung für Klasse A und B, ab DN 1600 Einheitskupplung für alle Wanddicken

Benennung	DN	h/Stück	Benennung	DN	h/Stück	Benennung	DN	h/Stück
Bogen	450	0,85	Reinigungs-	100	0,95	Putzstück	200	0,90
	500	1,00	kasten	125	0,99		250	1,15
EK	600	1,30		150	1,03	EPS	300	1,35
Segment-	700	1,50	ERS			200–300		
bogen	800	1,65	100–125			Klasse B		
bis 90°	900	1,90	Klasse B					
450–1500	1000	2,15						
	1100	2,40	ERS					
	1200	2,55	150					
	1300	2,75	Klasse B					
	1400	3,00						
	1500	3,25						

Benennung	Kurzzeichen	Schnittzeichnung	Sinnbild	Einsatzbereich
Bogen	**EK**	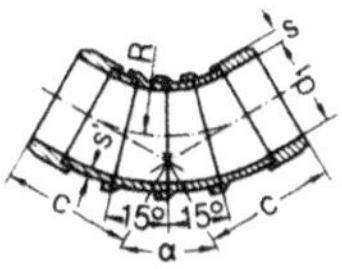		Segmentbogen bis 90° DN 450–1500 für Klasse A und B*)
Reinigungs-kasten	**ERS**	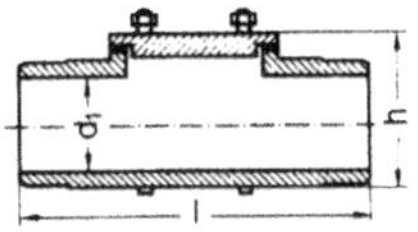		DN 100 und 125 Klasse B
Reinigungs-kasten	**ERS**	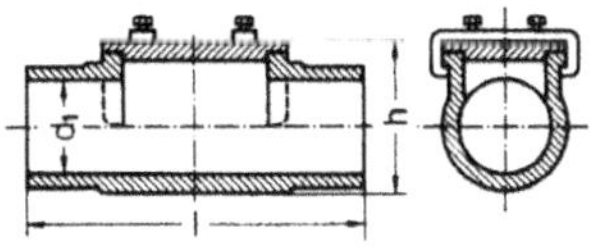		DN 150 Klasse B
Putzstück	**EPS**	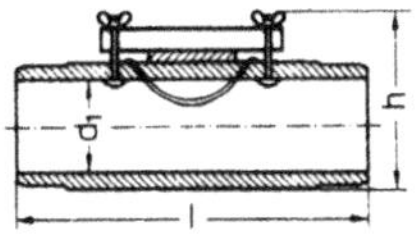		DN 200–300 Klasse B

*) Größere Nennweiten auf Anfrage

2.12 Kanalrohre – Kupplungen und Formstücke

Benennung	DN	h/Stück	Benennung	DN	h/Stück	Benennung	DN	h/Stück
RKG	100	0,65	RKK	400	0,85	RKGW	100	0,60
	125	0,68		450	0,88	RKKW	125	0,71
	150	0,71		500	0,91		150	0,73
	200	0,75		600	1,00		200	0,75
	250	0,79		700	1,03		250	0,77
	300	0,81		800	1,05		300	0,79
	350	0,85		900	1,08		350	0,81
				1000	1,12			
				1100	1,16			
				1200	1,20			
				1300	1,23			
				1400	1,26			
				1500	1,30			

Kurzzeichen Formstück	Schnittzeichnung	Sinnbild	Verwendungszweck
RKG Rohre und Reka-Kupplungen	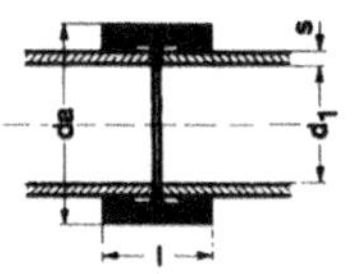		Rohrverbindung für nicht abgedrehte Rohre DN 100 bis DN 350
RKK Rohre und Reka-Kupplungen	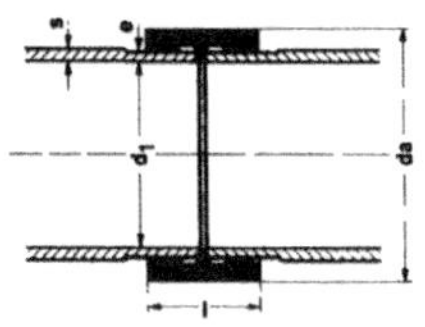		Rohrverbindung für abgedrehte Rohre D 400 bis DN 2000
RKGW RKKW Reka-Langkupplungen	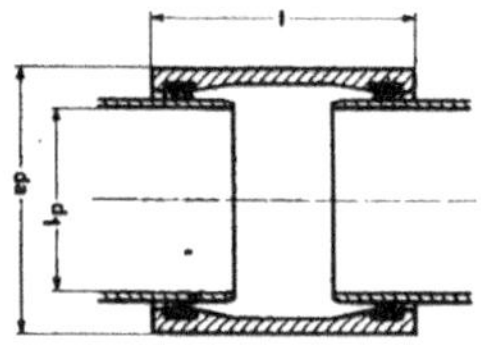		Rohrverbindung für nicht standfesten Boden DN 100 bis DN 1000

Benennung	DN	h/Stück	Benennung	DN	h/Stück	Benennung	DN	h/Stück
RGUK	100	0,62	UM	100	0,68	EGP	100	0,50
+ Z-O-K	125	0,68		125	0,72		125	0,55
RGUP	150	0,71		150	0,76		150	0,58
	200	0,77		200	0,85		200	0,62
	250	0,84					250	0,65
	300	0,86					300	0,70
	350	0,90					350	0,74

Kurzzeichen Formstück	Schnittzeichnung	Sinnbild	Verwendungszweck
RGUK (RGUP) Reka-Übergangskupplungen (mit Verschlußplatte)	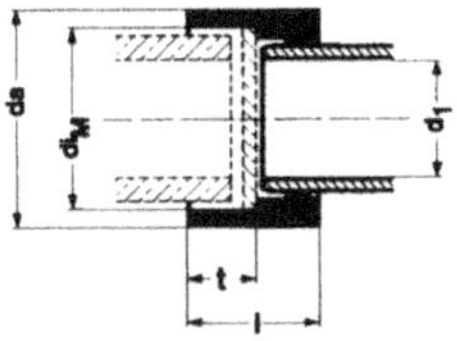	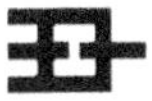	Rohrverbindung für den Anschluß von Beton- und Steinzeugrohren (bis DN 350); RGUP: dito mit Verschlußplatte in DN 150
Z-O-K Zugfeste Kupplungen	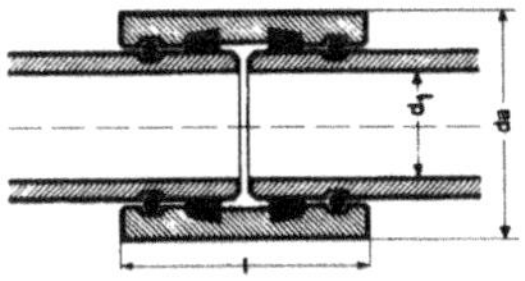		Zugfeste Rohrverbindung DN 150 bis DN 2000
UM Übungsmanschetten	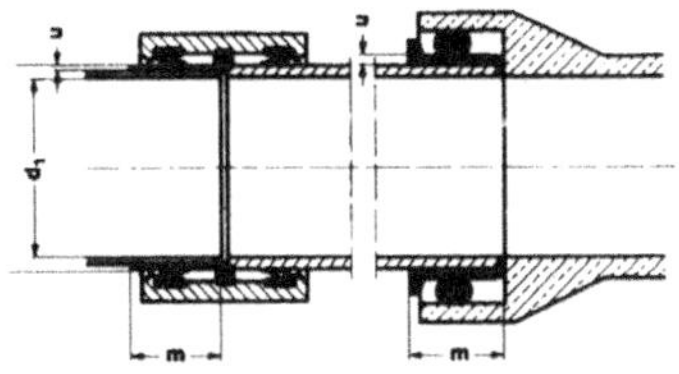		Angleichung der Außendurchmesser für Anschluß von Fremdmaterial in DN 100 bis DN 200
EGP Endverschlüsse	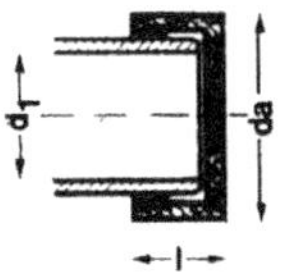		Verschlußkappe für Rohrenden DN 100 bis DN 350

Benennung	DN	h/Stück	Benennung	DN	h/Stück	Benennung	DN	h/Stück
EEC	100	0,70	ESC	200	1,22	ESE	100	0,60
45°	125	0,81		250	1,48		125	0,62
	150	0,92		300	1,69	ESD	150	0,66
EEB	200	1,05		350	2,00		200	0,68
90°	250	1,15		400	2,51		250	0,70
	300	1,30		450	2,68		300	0,74
	350	1,48		500	2,85		350	0,76
				600	3,00		400	0,80
							450	0,83
							500	0,91
							600	0,99
							700	1,09
							800	1,21
							900	1,40

Kurzzeichen Formstück	Schnittzeichnung	Sinnbild	Verwendungszweck
EEC Abzweige 45°	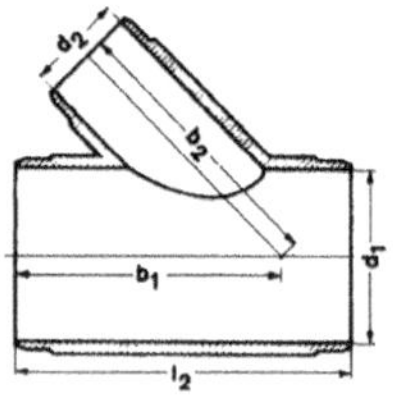		Formstück für Anschlüsse unter 45° DN 100/100 bis DN 600/300
EEB Abzweige 90°	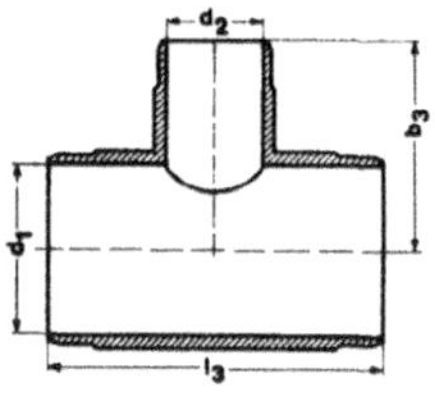		Formstück für Anschlüsse unter 90° DN 100/100 bis DN 600/300
ESC Sattelstutzen 45° (geschraubt)	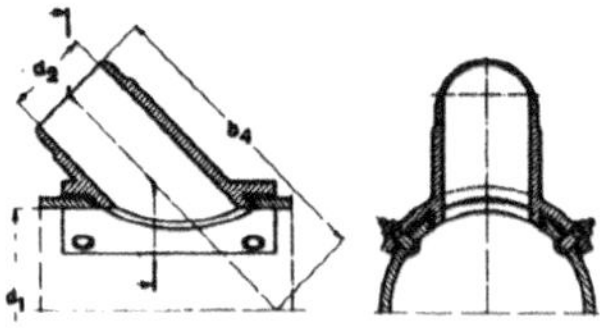		Formstück für nachträglichen Anschluß unter 45° DN 200/150 bis DN 600/200
ESE ESD Bauwerkstutzen Bauwerkdoppelstutzen	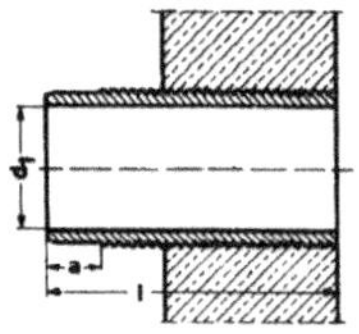		Rohrstutzen für den Anschluß an Bauwerke oder Betonrohre DN 100 bis DN 2000

Benennung	DN	h/Stück	Benennung	DN	h/Stück
EEK 15°, 30°, 45°, 90°	100 125 150 200 250 300	0,82 0,86 0,89 0,96 0,99 1,11	ERS	100 125 150 200 250 300	0,95 0,99 1,03 1,10 1,15 1,30

Kurzzeichen Formstück	Schnittzeichnung	Sinnbild	Verwendungszweck
EEK Bogen 15°, 30° 45°, 90°	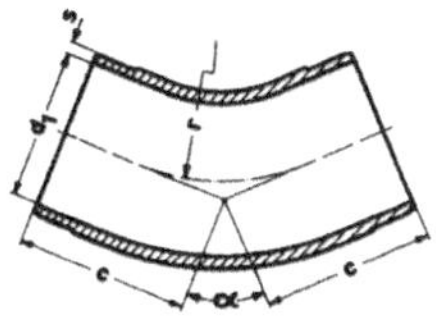		Bogen für Abwicklungen 15°, 30°, 45° und 90°
ERS Reinigungskästen	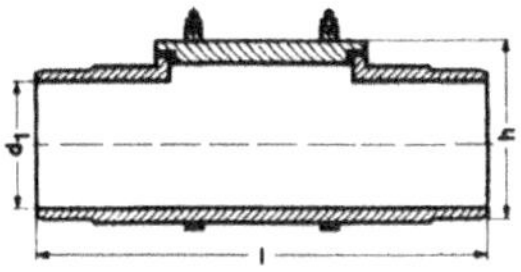		Formstück mit Reinigungsöffnung DN 100 bis DN 300

Benennung	DN	h/Stück	Benennung	DN	h/Stück
RKGR	150/125	0,70	AB	250/150	0,95
	200/150	0,75		350/200	1,08
	250/200	0,81		350/250	1,16
	300/250	0,90		400/300	1,24
	350/300	0,94		450/350	1,32
				500/400	1,41
				600/450	1,62
				700/500	1,80
				800/600	1,95

Kurzzeichen Formstück	Schnittzeichnung	Sinnbild	Verwendungszweck
RKGR Reka- Reduzierkupplung	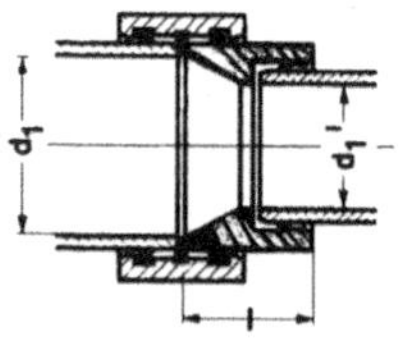		Reduzierende Kupplung DN 150/125, DN 200/150 DN 250/200, DN 300/250 DN 350/300
AB Abzweigstutzen 90°	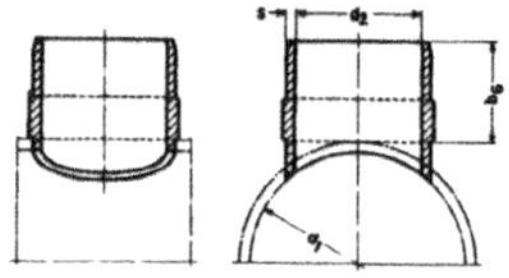		Formstück für nachträglichen Anschluß unter 90° DN 150 bis DN 600

2.13 Einsteigeschächte

2.13.1 aus Mauerwerk

Kanalschachtklinker C DIN 4051 einschließlich Rohrspiegel, Fugenglattstrich, Rapputz

Mauerwerk 24 cm dick herstellen	d = 1,00 m	d = 1,25 m	d = 1,50 m
	h/m	h/m	h/m
bis 1,00	16,00	17,25	19,50
über 1,00–2,00	21,50	22,75	24,60
über 2,00–3,00	34,05	35,40	41,10
über 3,00–4,00	48,50	50,90	55,80
über 4,00–5,00	69,50	72,15	88,40
über 5,00–6,00	98,50	105,95	115,80
Gezogene Schachtköpfe	29,50	31,50	33,80

Gesamtzeitaufwand auf einen Blick

Leistungen: Erdarbeiten,
Verbauarbeiten,
Maurer- und Verputzarbeiten,
Setzen der Steigeisen,
Verlegen der Schachtabdeckung,
Herstellen der Betonsohle.

DO ·/. KS m	d = 100 cm h/m	d = 125 cm h/m	d = 150 cm h/m
1,00	26,50	33,00	40,20
1,10	30,25	36,15	44,76
1,20	34,08	41,80	50,12
1,30	40,12	48,00	59,58
1,40	43,60	51,55	64,05
1,50	46,55	55,20	68,96
1,60	49,25	59,45	72,00
1,70	52,87	64,15	75,00
1,80	54,12	66,45	78,34
1,90	57,00	69,08	81,22
2,00	59,82	72,00	84,00
2,10	63,65	76,10	89,00
2,20	68,85	82,00	94,30
2,30	72,50	86,65	99,00
2,40	77,31	90,63	103,24
2,50	82,00	95,00	107,65
2,60	87,45	100,00	113,44
2,70	90,50	105,65	118,16
2,80	95,00	109,35	123,85
2,90	99,23	115,86	127,12
3,00	103,65	119,65	131,26
3,10	107,22	122,89	135,33
3,20	111,12	126,23	139,55
3,30	115,34	130,87	143,99
3,40	118,50	135,77	148,45
3,50	122,32	137,98	152,54
3,60	125,55	141,33	156,60
3,70	130,00	144,20	160,12
3,80	133,55	148,43	163,00
3,90	137,88	152,55	167,20
4,00	142,00	157,00	173,55
4,10	147,23	163,55	178,65
4,20	152,00	168,42	183,00
4,30	161,22	178,40	195,00
4,40	165,65	183,00	203,35
4,50	171,00	188,55	210,00
4,60	175,45	193,22	215,12
4,70	179,65	197,34	220,15
4,80	183,33	202,66	226,00
4,90	187,25	207,00	231,12
5,00	190,00	212,55	238,85

2.13.2 aus Betonringen

Gesamtzeitaufwand auf einen Blick

Leistungen: Erdarbeiten,
Verbauarbeiten,
Verlegen der Schachtabedeckung,
Verlegen des Ausgleichsringes,
Setzen des konischen Schachthalses,
Setzen der Schachtringe,
Einsetzen der Steigeisen,
Herstellen der Betonsohle.

Schachtaushub bei d = 1000 mm: 1,50 m×1,60 m×Tiefe
d = 1500 mm: 2,00 m×2,10 m×Tiefe
d = 2000 mm: 2,50 m×2,60 m×Tiefe

DO ·/. KS m	d = 1000 mm h/m	d = 1500 mm h/m	d = 2000 mm h/m
1,00	14,50	16,56	20,42
1,25	15,54	19,32	24,15
1,50	20,65	26,08	32,98
1,75	22,74	29,10	36,94
2,00	25,72	34,40	43,30
2,25	29,90	38,40	51,36
2,50	34,38	46,59	61,13
2,75	37,99	51,13	67,23
3,00	41,87	57,36	76,08
3,25	44,97	61,51	81,96
3,50	48,96	67,08	89,40
3,75	52,00	72,65	96,00
4,00	54,47	75,80	102,00
4,25	58,95	82,61	112,00
4,50	63,98	89,04	126,05
4,75	68,22	93,95	131,65
5,00	74,30	98,55	135,60

2.14 Rohrverbindungen von Abwasserdruckrohren

Herstellen von Stemmuffen

Leistungen: Ausstemmen,
Säubern,
Teerstrick einlegen,
mit Blei vergießen und dichten.

DN	Ausstemmen h/Stück	Dichten h/Stück
100	1,60	1,60
150	1,95	2,06
200	2,64	2,39
250	3,49	3,45
300	4,40	4,05
350	4,80	4,41
400	5,15	5,00
500	7,05	6,70
600	8,85	8,40
700	9,50	11,00
800	13,00	14,31
900	16,90	16,40
1000	18,40	19,45

2.15 Außendichtungen von Schraub- und Stemmuffenverbindungen

an Druckrohren im Betrieb bis 0,23 bar (B.T.R. Verfahren)

Leistungen: Muffenverbindung vom Erdreich säubern,
Sandstrahlen,
Außendichtung herstellen,
Prüfen der Dichtung.

DN	h/Stück
100	2,25
150	2,45
200	2,85
250	3,35
300	3,95
400	4,70
500	6,00
600	7,85
700	9,45
800	11,25
900	13,55
1000	15,20
1200	17,35

2.16 Verstärkung von Gasrohren im Muffenbereich (Stemmuffenverbindungen)

Leistungen: Aufbringen eines Verstärkerringes,
Kehlnahtschweißung,
Schließung der Stirnseite.

DN	h/Stück
40	3,25
50	3,65
80	4,00
100	4,25
150	5,95
200	7,00
250	7,45
300	8,20
400	10,05
500	11,85
600	14,05
700	18,00
800	20,15
900	22,85
1000	26,55
1100	29,45
1200	32,15

2.17 Schneiden von Gußrohren

DN	Gußrohre Schneiden h/Schnitt
80	0,85
100	1,00
150	1,15
200	1,45
250	1,68
300	1,95
400	2,54
500	3,38
600	3,89
700	4,61
800	5,44
900	6,12
1000	7,10
1100	7,65
1200	8,40
1400	9,25

2.18 Reduzierstücke aus Stahl herstellen

Leistungen: Entfernen der Isolierung,
Anzeichnen der Rohrausschnitte,
Anrichten, Anpassen und Schweißen.

R.-Stück	Anzahl der Rohrausschnitte	Länge der Reduzierung in mm	h/Stück
100/ 50	5	0,15	4,10
100/ 80	5	0,15	4,15
150/ 80	5	0,20	5,21
150/ 100	5	0,20	5,34
200/ 100	5	0,20	5,80
200/ 150	5	0,20	6,00
250/ 100	5	0,25	7,20
250/ 150	5	0,25	7,31
250/ 200	5	0,25	7,40
300/ 100	7	0,30	8,55
300/ 150	7	0,30	8,70
300/ 200	7	0,30	8,85
300/ 250	7	0,30	9,00
400/ 150	7	0,40	10,85
400/ 200	7	0,40	11,00
400/ 250	7	0,40	11,15
400/ 300	7	0,40	11,30
500/ 200	7	0,50	20,65
500/ 250	7	0,50	21,05
500/ 300	7	0,50	21,40
500/ 400	7	0,50	21,95
600/ 250	7	0,60	25,85
600/ 300	7	0,60	26,15
600/ 400	7	0,60	26,45
600/ 500	7	0,40	20,15
700/ 300	7	0,70	38,60
700/ 400	7	0,70	39,40
700/ 500	7	0,70	40,00
700/ 600	7	0,50	31,00
800/ 500	9	0,80	55,45
800/ 600	9	0,70	54,40
800/ 700	9	0,50	40,00
900/ 700	9	0,70	55,65
900/ 800	9	0,50	40,60
1000/ 800	9	0,70	55,00
1000/ 900	9	0,50	40,85
1100/ 900	11	0,80	86,30
1100/1000	11	0,70	75,60
1200/1000	11	0,80	86,20
1200/1100	11	0,70	75,60

2.19 Rohrstutzen anschweißen

2.19.1 Rohrstutzen, Muffenkopf, F-Stück oder Gewindemuffe anschweißen einschließlich Herstellung des Rohrausschnitts

DN des Hauptrohres	DN des Formstücks	
	bis 2/3 der DN des Hauptrohres h/Stück	größer als 2/3 der DN des Hauptrohres h/Stück
40	1,45	1,75
50	1,66	1,95
100	2,31	2,45
150	3,15	3,45
200	4,95	5,25
250	5,50	5,85
300	6,45	7,15
400	8,50	9,35
500	10,45	11,20
600	13,35	14,00
700	15,85	16,35
800	18,35	19,60
900	–	22,45
1000	–	24,85
1100	–	27,14
1200	–	31,05
1400	–	34,00

2.19.2 C-Stück an Stahlrohr anschweißen

DN	15° h/Stück	30° h/Stück	45° h/Stück	60° h/Stück	90° h/Stück
40	3,65	3,35	3,00	2,75	2,40
50	3,75	3,45	3,05	2,95	2,55
100	3,95	4,00	3,85	3,65	3,00
150	5,80	5,75	5,30	4,95	4,65
200	7,65	7,45	7,15	7,00	6,35
250	8,80	8,65	8,15	7,45	7,15
300	9,25	9,00	8,75	8,40	8,05
400	11,15	10,75	10,40	10,20	10,00
500	13,55	13,35	13,00	12,45	12,30
600	15,65	15,40	15,25	15,05	14,80
700	19,65	19,40	19,15	19,00	18,65
800	22,70	22,40	22,10	22,00	19,90
900	25,90	25,55	25,30	25,00	24,85
1000	30,15	29,45	29,40	29,30	29,00
1100	34,55	34,35	24,20	24,05	23,95
1200	38,95	38,65	38,55	38,35	38,25

2.19.3 axial und tangential an Stahlrohr

DN	axial h/Stück	tangential h/Stück
80	2,45	3,65
100	2,95	4,00
150	3,86	5,58
200	6,45	8,35
250	7,65	9,75
300	8,15	10,65
400	11,25	15,15
500	14,05	18,75
600	16,55	20,95
700	19,75	23,15
800	23,08	27,35
900	27,85	30,60
1000	31,86	34,85
1100	34,85	–
1200	37,45	–
1400	41,85	–

2.19.4 Rohrstutzen, Muffenköpfe, F-Stücke oder Gewindemuffen anschweißen, einschl. Herstellung der Rohrausschnitte

DN	Durchmesser des Formstücks			
	bis 1/4	bis 2/4	bis 3/4	über 3/4
	des Durchmessers des Hauptrohres			
	Zeitaufwand in h/Stück			
50	1,33	1,48	1,64	1,81
80	1,40	1,56	1,73	1,91
100	1,88	2,08	2,31	2,54
150	2,65	2,95	3,27	3,59
200	3,89	4,32	4,80	5,24
250	4,45	5,00	5,55	6,10
300	5,25	5,83	6,48	7,13
400	–	7,61	8,45	9,30
500	–	8,95	10,00	11,06
600	–	11,84	13,15	14,46
700	–	–	14,84	16,32
800	–	–	17,65	19,41
900	–	–	21,85	23,90
1000	–	–	–	24,65
1100	–	–	–	27,85
1200	–	–	–	31,05

2.20 Entgasen von Leitungen

DN	Zeitaufwand in h für eine Leitungslänge von						
	200 m	300 m	400 m	500 m	1000 m	1500 m	2000 m
200	0,83	1,20	1,60	2,00	3,60	4,28	6,92
250	1,04	1,50	2,00	2,50	4,50	5,35	8,67
300	1,25	1,80	2,40	3,00	5,40	6,42	10,38
400	1,66	2,40	3,20	4,00	7,20	8,56	13,84
500	2,08	3,00	4,00	5,00	9,00	10,70	17,33
600	2,49	3,60	4,80	6,00	10,80	12,84	20,76
800	3,32	4,97	6,40	8,00	14,40	17,30	27,68
1000	4,15	6,21	8,00	10,05	18,65	21,40	34,65

2.21 Prüfen von Gasdruckleitungen

Prüfdruck 3 bar

DN	Zeitaufwand in h/m bei einer Leitungslänge von						
	10 m	20 m	30 m	75 m	100 m	200 m	300 m
50	0,065	0,058	0,050	0,045	0,040	0,036	0,033
80	0,067	0,060	0,052	0,048	0,044	0,040	0,035
100	0,071	0,064	0,056	0,051	0,048	0,044	0,040
150	0,076	0,069	0,061	0,056	0,052	0,048	0,042
200	0,079	0,072	0,064	0,059	0,054	0,050	0,048
250	0,085	0,077	0,069	0,064	0,060	0,056	0,053
300	0,089	0,081	0,073	0,069	0,065	0,061	0,056
400	0,099	0,090	0,082	0,077	0,073	0,068	0,062
500	0,110	0,100	0,093	0,088	0,081	0,076	0,067
600	0,124	0,117	0,108	0,100	0,093	0,089	0,083
700	0,136	0,127	0,120	0,114	0,110	0,100	0,094
800	0,148	0,140	0,132	0,127	0,121	0,115	0,100

Prüfdruck 6 bar

DN	Zeitaufwand in h/m bei einer Leitungslänge von						
	10 m	20 m	30 m	75 m	100 m	200 m	300 m
50	0,070	0,066	0,064	0,062	0,060	0,058	0,055
80	0,072	0,068	0,066	0,064	0,062	0,060	0,057
100	0,076	0,074	0,070	0,068	0,066	0,063	0,060
150	0,081	0,076	0,073	0,071	0,068	0,065	0,063
200	0,084	0,080	0,078	0,075	0,072	0,069	0,065
250	0,092	0,082	0,080	0,078	0,075	0,072	0,069
300	0,096	0,094	0,090	0,087	0,081	0,078	0,075
400	0,105	0,100	0,096	0,090	0,087	0,084	0,080
500	0,115	0,108	0,100	0,095	0,091	0,087	0,084
600	0,128	0,120	0,116	0,110	0,107	0,102	0,094
700	0,139	0,130	0,124	0,118	0,110	0,106	0,100
800	0,149	0,143	0,138	0,129	0,124	0,120	0,116

Prüfdruck 15 bar

DN	Zeitaufwand in h/m bei einer Leitungslänge von						
	10 m	20 m	30 m	75 m	100 m	200 m	300 m
50	0,095	0,091	0,088	0,086	0,082	0,078	0,075
80	0,098	0,094	0,091	0,089	0,086	0,082	0,079
100	0,100	0,099	0,096	0,091	0,088	0,086	0,082
150	0,108	0,104	0,100	0,096	0,093	0,090	0,088
200	0,118	0,111	0,106	0,101	0,098	0,095	0,091
250	0,132	0,127	0,122	0,116	0,111	0,105	0,099
300	0,145	0,140	0,136	0,131	0,126	0,122	0,115
400	0,165	0,161	0,157	0,153	0,149	0,144	0,139
500	0,184	0,180	0,176	0,171	0,166	0,162	0,154
600	0,199	0,195	0,191	0,188	0,183	0,178	0,174
700	0,218	0,215	0,204	0,199	0,196	0,192	0,188
800	0,231	0,226	0,222	0,217	0,214	0,210	0,206

2.22 Außenisolierungen

2.22.1 Herstellen von Außenisolierungen an Reduzierstücken

Bitumenanstrich (2-fach) oder Glasvliesbinden

DN	mit Bitumen h/Stück	mit Glasvliesbinden h/Stück	DN	mit Bitumen h/Stück	mit Glasvliesbinden h/Stück
100/ 50	0,50	0,70	500/ 400	2,38	3,58
100/ 80	0,50	0,70	600/ 250	2,78	4,18
150/ 80	0,55	0,75	600/ 300	2,86	4,30
150/ 100	0,60	0,80	600/ 400	3,01	4,51
200/ 100	0,65	0,95	600/ 500	3,17	4,75
200/ 150	0,67	1,01	700/ 300	3,52	5,28
250/ 100	0,80	1,26	700/ 400	3,70	5,54
250/ 150	0,88	1,32	700/ 500	3,87	5,81
250/ 200	0,91	1,37	700/ 600	4,05	6,07
300/ 100	1,00	1,55	800/ 500	4,62	6,94
300/ 150	1,09	1,63	800/ 600	4,83	7,25
300/ 200	1,14	1,70	800/ 700	3,78	5,66
300/ 250	1,17	1,75	900/ 700	5,07	7,61
400/ 150	1,57	2,35	900/ 800	4,38	6,58
400/ 200	1,60	2,40	1000/ 800	5,68	8,52
400/ 250	1,66	2,50	1000/ 900	6,34	9,50
400/ 300	1,71	2,57	1100/ 900	6,75	9,85
500/ 200	2,13	3,19	1100/1000	7,00	10,00
500/ 250	2,19	3,29	1200/1000	7,41	10,55
500/ 300	2,26	3,38	1200/1100	7,65	10,85

2.22.2 Außenisolierungen im Bereich der Schweißnähte entfernen

DN	h/Stück
80	0,07
100	0,08
150	0,10
200	0,11
250	0,13
300	0,15
350	0,17
400	0,19
500	0,25
600	0,28
700	0,30
800	0,35
900	0,40
1000	0,48
1100	0,53
1200	0,56
1300	0,59
1400	0,63

2.23 Innenisolierungen

2.23.1 Innenisolierungen aus Zementmörtel an Reduzierstücken herstellen, 2×Spachteln

R.-Stück	h/Stück	R.-Stück	h/Stück
200/150	0,91	600/300	3,88
250/150	1,19	600/400	4,08
250/200	1,24	600/500	4,30
300/150	1,48	700/300	4,77
300/200	1,54	700/400	5,01
300/250	1,58	700/500	5,25
400/150	1,99	700/600	5,49
400/200	2,18	800/500	6,27
400/250	2,25	800/600	6,55
400/300	2,32	800/700	5,23
500/200	2,89	900/700	6,88
500/250	2,97	900/800	5,95
500/300	3,06	1000/800	7,70
500/400	3,23	1000/900	8,59
600/250	3,78		

2.23.2 Innenisolierungen im Bereich der Schweißnähte entfernen bzw. herstellen

DN	aus Zementmörtel 2×Spachteln		aus Bitumen 2×Streichen
	Entfernen h/Stück	Herstellen h/Stück	Entfernen h/Stück
80	–	–	0,10
100	–	–	0,12
150	–	–	0,14
200	0,15	0,45	0,15
250	0,17	0,63	0,18
300	0,20	0,75	0,20
350	0,22	0,89	0,23
400	0,25	1,08	0,28
500	0,32	1,48	0,35
600	0,40	1,83	0,44
700	0,49	2,07	0,54
800	0,56	2,32	0,62
900	0,72	2,64	0,80
1000	0,79	2,99	0,84
1100	0,85	3,35	0,90
1200	0,95	3,60	0,98
1300	1,00	4,00	1,15
1400	1,10	4,45	1,20

2.23.3 Innenisolierungen an Schrägnähten entfernen bzw. herstellen

DN	aus Zementmörtel 2×Spachteln		aus Bitumen 2×Streichen	
	Entfernen h/Stück	Herstellen h/Stück	Entfernen h/Stück	Herstellen h/Stück
200	0,18	0,70	0,21	0,45
250	0,22	0,87	0,24	0,55
300	0,24	1,19	0,27	0,66
350	0,29	1,26	0,32	0,73
400	0,33	1,42	0,36	0,86
500	0,41	1,99	0,44	0,96
600	0,48	2,30	0,52	1,28
700	0,56	2,60	0,61	1,48
800	0,64	3,00	0,70	1,73
900	0,72	3,35	0,76	1,95
1000	0,80	3,65	0,81	2,15
1100	0,85	3,96	0,92	2,30
1200	0,96	4,21	1,00	2,61
1300	1,04	4,35	1,15	2,75
1400	1,12	4,68	1,21	2,95

2.23.4 Axiale Innenisolierungen an Stutzen entfernen bzw. herstellen

DN	aus Zementmörtel 2×Spachteln		aus Bitumen 2×Streichen	
	Entfernen h/Stück	Herstellen h/Stück	Entfernen h/Stück	Herstellen h/Stück
100	0,18	0,71	0,20	0,35
150	0,20	0,75	0,22	0,42
200	0,22	0,77	0,24	0,50
250	0,26	0,85	0,29	0,60
300	0,30	0,94	0,33	0,71
400	0,38	1,45	0,40	0,95
500	0,46	1,85	0,50	1,12
600	0,55	2,35	0,60	1,31
700	0,62	2,75	0,70	1,58
800	0,70	3,21	0,80	1,82
900	0,81	3,59	0,90	2,00
1000	0,90	4,15	1,00	2,31

2.23.5 Tangentiale Innenisolierungen an Stutzen entfernen bzw. herstellen

100	0,20	0,63	0,22	0,44
150	0,22	0,69	0,28	0,48
200	0,25	0,80	0,30	0,55
300	0,34	0,99	0,40	0,78
400	0,44	1,25	0,52	1,05
500	0,50	1,95	0,61	1,25

2.24 Formstücke aus duktilem Gußeisen einbauen

2.24.1 Flanschmuffenstück (EU-Stück) einbauen

(Zeichnung aus DIN 28 622, Ausg. 01.90)

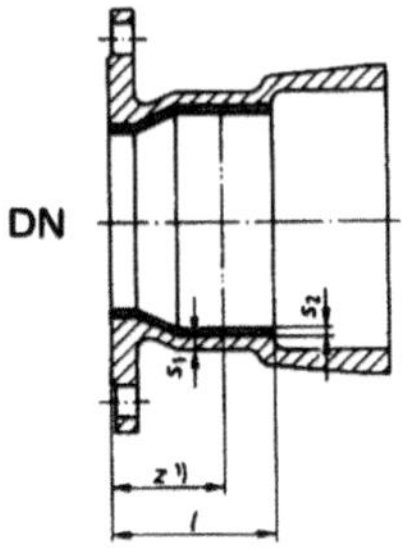

DN	l	Guß s_1	z	Zulage-Zeitaufwand in h/m
80	130	7,0	86	1,15
100	130	7,2	87	1,19
125	135	7,5	91	1,26
150	135	7,8	92	1,41
200	140	8,4	97	1,48
250	145	9,0	102	1,50
300	150	9,6	107	1,58
350	155	10,2	112	1,65
400	160	10,8	117	1,74
500	170	12,0	127	1,86
600	180	13,2	137	1,98
700	190	14,4	147	2,14
800	200	15,6	157	2,34
900	210	16,8	167	2,56
1000	220	18,0	177	2,79
1200	240	20,4	197	3,29
1400	310	22,8	240	3,80

Für handelsübliche Formstücke der hier bezeichneten Art werden die Längenwerte in m mit den Zulage-Zeitwerten multipliziert.

Beispiele:

Zeile 1 (DN 80): 0,130 m×1,15 h/m = 0,15 h
Zeile 8 (DN 350): 0,155 m×1,65 h/m = 0,26 h

2.24.2 Einflanschstück (F-Stück)

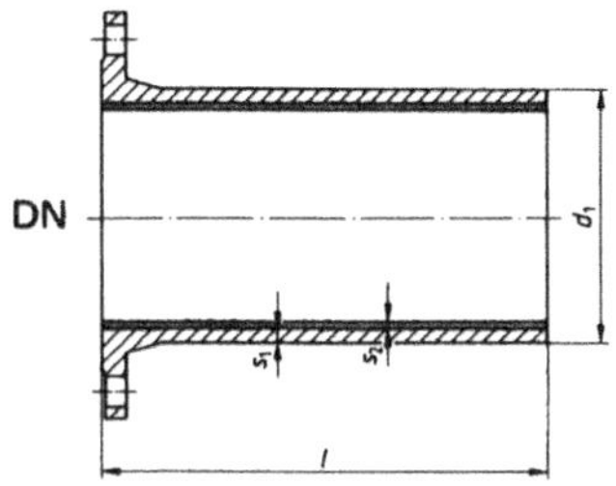

Doppelmuffen-Übergangsstück (MMR-Stück)

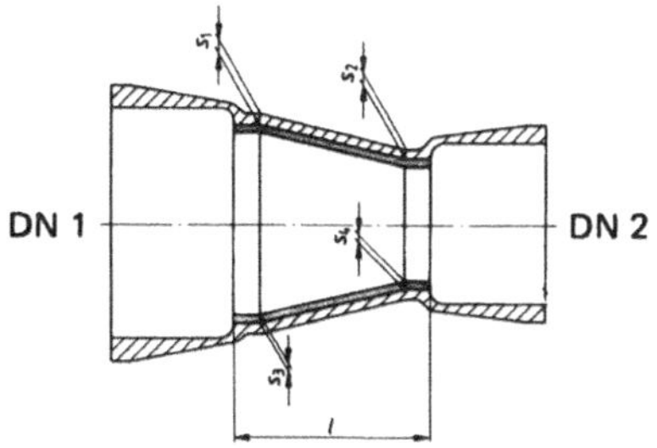

Zeichnungen aus DIN 28 623, Ausg. 01.90 (F-Stück) bzw. DIN 28 634, Ausg. 01.90 (MMR-Stück)

DN	l	Zulage-Zeitaufwand in h/m	DN_1	DN_2	l	Zulage-Zeitaufwand in h/m
80	350	0,55	100	80	90	0,58
100	360	0,58	125	80	140	0,61
125	370	0,60		100	100	0,63
150	380	0,62	150	80	190	0,65
200	400	0,64		100	150	0,67
250	420	0,67		125	100	0,69
300	440	0,69	200	100	250	0,72
350	460	0,72		125	200	0,75
400	480	0,75		150	150	0,78
500	520	0,78	250	125	300	0,81
600	560	0,81		150	250	0,84
700	600	0,84		200	150	0,87
800	600	0,87	300	150	350	0,91
900	600	0,92		200	250	0,94
1000	600	0,97		250	150	0,99
1200	600	1,06	350	200	360	1,10
1400	710	1,10		250	260	1,13
1600	780	1,14		300	160	1,16
1800	850	1,20	400	250	360	1,19
2000	920	1,25		300	260	1,22
				350	160	1,24
			500	350	360	1,27
				400	260	1,29
			600	400	460	1,40
				500	260	1,51
			700	500	480	1,55
				600	280	1,59
			800	600	480	1,62
				700	280	1,68
			900	700	480	1,72
				800	280	1,76
			1000	800	480	1,82
				900	280	1,88
			1200	1000	480	1,95
			1400	1200	360	2,00

2.24.3 Überschiebemuffe (U-Stück) einbauen

(Zeichnung aus DIN 28 624, Ausg. 01.90)

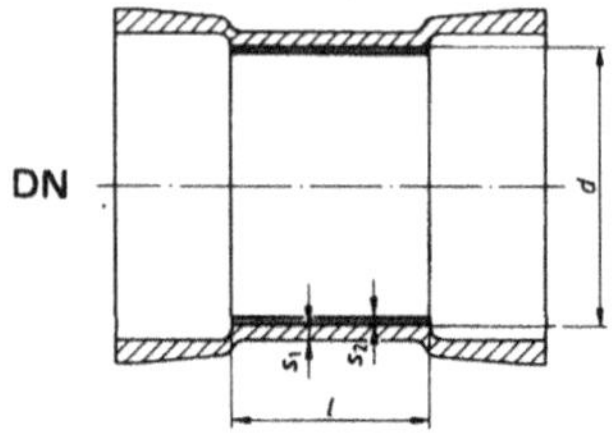

DN	l	d	Guß s_1	Zulage-Zeitaufwand in h/m
80	160	109	7,0	0,59
100	160	130	7,2	0,63
125	165	156	7,5	0,65
150	165	183	7,8	0,68
200	170	235	8,4	0,72
250	175	288	9,0	0,75
300	180	340	9,6	0,78
350	185	393	10,2	0,82
400	190	445	10,8	0,85
500	200	550	12,0	0,89
600	210	655	13,2	0,93
700	220	760	14,4	1,00
800	230	865	15,6	1,18
900	240	970	16,8	1,29
1000	250	1075	18,0	1,65
1200	270	1285	20,4	1,80

2.24.4 Muffenbogen (MK-Stück) 45°, 30° oder 11 1/4° nach Werksnorm einbauen

(Werksnorm Rheinstahl Schalker Verein GmbH, Gelsenkirchen)

MK-Stück	45	30	11 1/4
Werksnorm	TA 1042	TA 1041	TA 1039

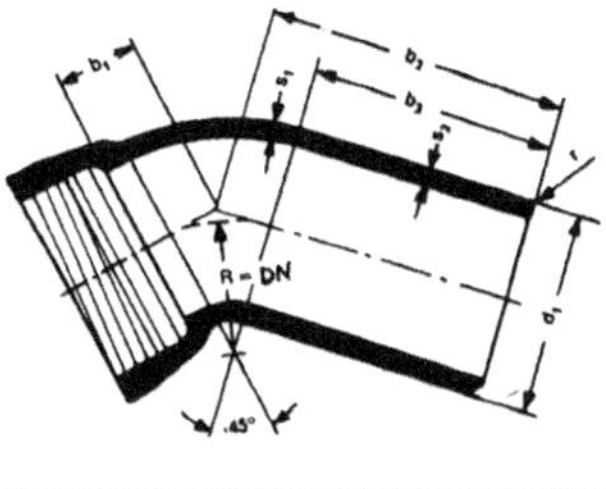

DN	d_1 in mm	s_1 in mm	s_2 in mm	b_1 in mm	b_2 in mm	b_3 in mm	r in mm	Mittlerer Zulage-Zeitaufwand in h/m
100	118	7,2	8,4	64,4	274	233	4	0,88
150	170	7,8	9,1	86,6	331	269	4	0,95
200	222	8,4	9,8	108,8	374	291	5	1,15

2.24.5 Doppelmuffenbogen einbauen

MMQ-Stück 90° nach DIN 28 625 **MMK-Stück 45° nach DIN 28 626**

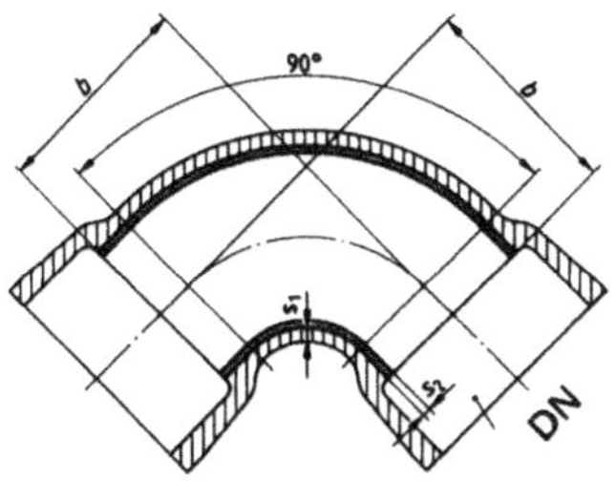

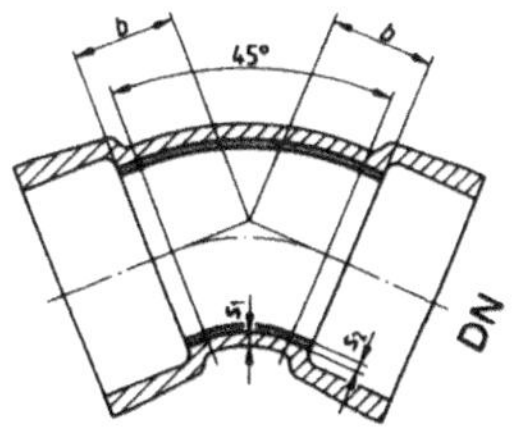

Zeichnungen aus DIN-Normen, Ausg. 01.90.

Weitere MMK-Stücke in:
DIN 28 627 (30°), DIN 28 628 ($22\frac{1}{2}^\circ$) und DIN 28 629 ($11\frac{1}{4}^\circ$)

DN	b	Zulage-Zeitaufwand in h/m	b	Zulage-Zeitaufwand in h/m	b	Zulage-Zeitaufwand in h/m
80	100	0,75	55/ 45	0,85	40/ 30	0,90
100	125	0,83	65/ 50	0,95	45/ 35	0,99
125	150	0,87	75/ 55	0,99	50/ 35	0,12
150	175	0,95	85/ 65	1,05	55/ 40	1,16
200	225	1,15	110/ 80	1,16	65/ 45	1,24
250	280	1,35	130/ 95	1,29	75/ 50	1,32
300	330	1,45	155/110	1,45	90/ 60	1,48
350			175/125	1,51	100/ 65	1,56
400			200/140	1,63	110/ 70	1,65
500			240/170	1,70	135/ 85	1,74
600			285/200	1,95	155/ 95	1,99
700			330/230	2,00	180/110	2,10
800			375/260	2,12	205/125	2,19
900			420/290	2,22	225/135	2,30
1000			465/320	2,35	250/150	2,45
1200			555/380	2,46	295/175	2,60
1400			475/370	2,60	260/160	2,75

2.24.6 Doppelmuffenstück 45° mit schrägen Muffenstutzen

(MMC-Stück) nach Werksnorm einbauen

(Werksnorm Rheinstahl Schalker Verein GmbH)

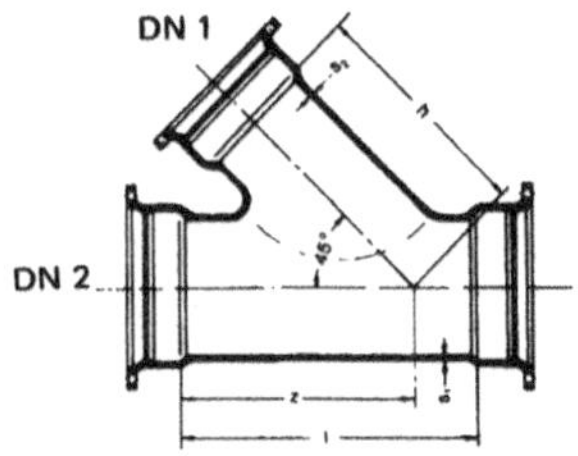

DN_1	DN_2	l in mm	h in mm	z in mm	Zulage-Zeitaufwand in h/m
500	500	1040	845	845	1,85
600	600	1210	985	985	2,10
700	700	1380	1140	1140	2,45
800	800	1550	1275	1275	2,75
900	900	1730	1425	1425	3,00
1000	1000	1900	1570	1570	3,45

2.24.7 Doppelmuffen mit Flanschstutzen (MMA-Stück) oder mit Muffenstutzen (MMB-Stück) einbauen

MMA-Stück

DN_1	DN_2	l	h/m
	40		1,30
80	50	170	1,30
	80		1,35
	40		1,36
100	50	170	1,36
	80		1,37
	100	190	1,39
	40		1,41
125	80	170	1,43
	100	195	1,45
	125	225	1,47
	40		1,49
	50	170	1,49
150	80		1,50
	100	195	1,52
	150	255	1,57
	40	175	1,59
	80		1,59
200	100	200	1,61
	150	255	1,63
	200	315	1,66
	80	180	1,70
250	100	200	1,74
	150	260	1,76
	200	315	1,78
	250	375	1,80
	80	180	1,82
	100	205	1,84
300	150	260	1,86
	200	320	1,88
	300	435	1,92
	100	205	1,88
350	200	325	1,95
	350	495	2,00
	80	185	1,84
	100	210	1,90
	150	270	1,93
400	200	325	1,98
	300	440	2,03
	400	560	2,10
	100	215	1,92
	200	330	1,96
500	300	450	2,00
	400	565	2,10
	500	680	2,15
	200	340	2,00
600	400	570	2,10
	600	800	2,40
	200	345	2,10
700	400	575	2,30
	700	925	2,60
	200	350	2,15
800	400	580	2,40
	600		2,60
	800	1045	2,75
	200	355	2,20
900	400	590	2,35
	600		2,70
	900	1170	2,90
1000	200	360	2,35
	400	595	2,70
	600		3,40
	1000	1290	3,70
	200	375	3,00
1200	400	605	3,20
	600		3,40
	1200	1525	3,75
	600	1030	3,40
1400	1000	1495	4,00
	1400	1960	4,80

2.24.7 Fortsetzung

MMB-Stück

DN_1	DN_2	l	h/m
80	40 80	170	1,30 1,35
100	40 80 100	 170 190	1,36 1,37 1,39
125	40 80 100 125	170 170 195 225	1,41 1,43 1,45 1,47
150	40 80 100 150	170 170 195 255	1,49 1,50 1,52 1,57
200	40 80 100 150 200	175 175 200 255 315	1,59 1,59 1,61 1,63 1,66
250	80 100 150 200 250	180 200 260 315 375	1,70 1,74 1,76 1,78 1,80
300	80 100 150 200 300	180 205 260 320 435	1,82 1,84 1,86 1,88 1,92

MMB-Stück

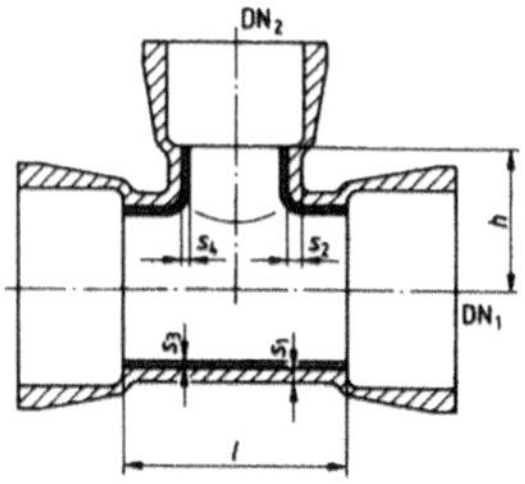

Zeichnung aus DIN 28 632, Ausg. 01.90

2.24.8 Muffenstücke mit Flanschstutzen (A-Stücke) nach Werksnorm einbauen

(Werksnorm Rheinstahl Schalker Verein GmbH, Gelsenkirchen)

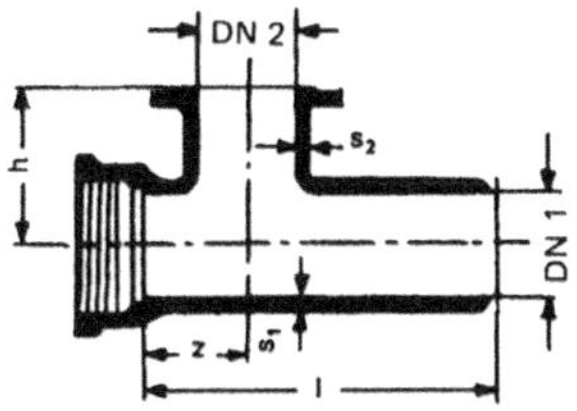

Hauptrohr			Stutzen		Zulage-Zeitaufwand in h/m
DN_1	l in mm	DN_2	z in mm	h in mm	
100	400	80	85	175	1,20
		100	95	180	1,33
150	500	80	85	205	1,55
		100	97,5	210	1,68
		150	127,5	220	2,00
200	500	80	87,5	235	2,15
		100	100	240	2,23
	580	150	127,5	250	2,35
		200	157,5	260	2,55

2.24.9 Flanschbogen 90° (Q-Stück)

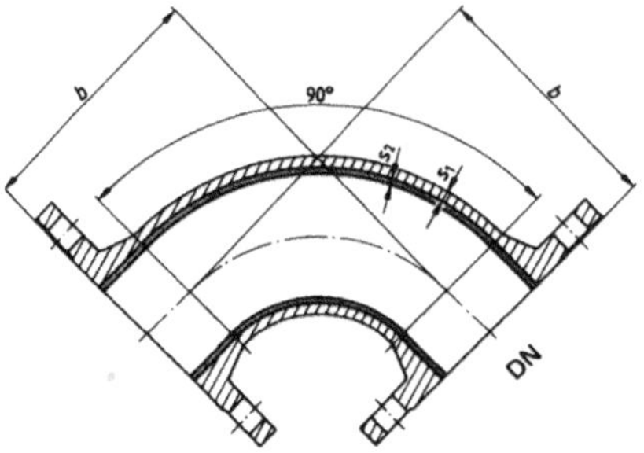

Flanschbogen 45° (FFK-Stück)

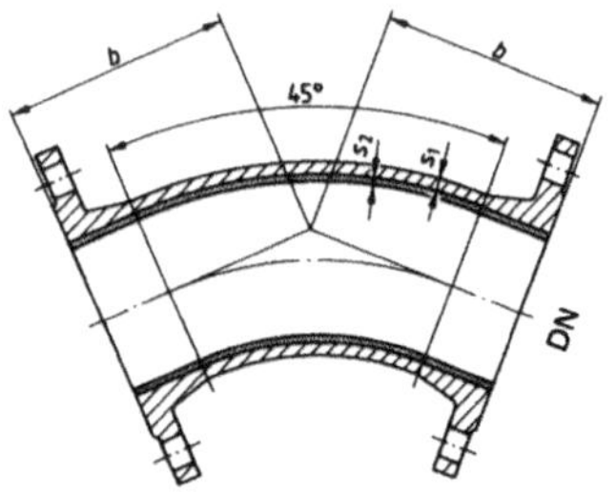

Zeichnungen aus DIN 28 637, Ausg. 01.90 (Q-Stück) bzw. DIN 28 639, Ausg. 01.90 (FFK-Stück)

DN	Zulage-Zeitaufwand in h/m	DN	Zulage-Zeitaufwand in h/m
80	0,63	80	0,65
100	0,65	100	0,67
125	0,72	125	0,74
150	0,77	150	0,79
200	0,84	200	0,86
250	0,90	250	0,92
300	0,99	300	1,06
350	1,15	350	1,19
400	1,29	400	1,31
500	1,32	500	1,35
600	1,45	600	1,48
700	1,55	700	1,57
800	1,65	800	1,68
900	1,72	900	1,80
1000	1,86	1000	1,90
1200	2,00	1200	2,05

2.24.10 Flanschstücke mit Flanschstutzen (T-Stücke) einbauen

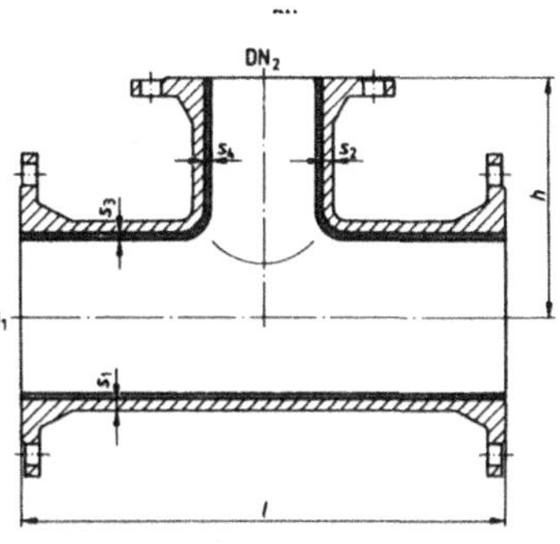

Zeichnung aus DIN 28 643, Ausg. 01.90

DN_1	DN_2	l	h	Zulage-Zeitwerte in h/m
80	50	330	160	1,35
	80	330	165	1,35
	50	360	170	1,38
100	80	360	175	1,38
	100		180	1,40
125	80	400	190	1,40
	100		195	1,42
	125		200	1,44
150	80	440	205	1,46
	100		210	1,48
	125		215	1,50
	150		220	1,52
200	80	520	235	1,52
	100		240	1,54
	150		250	1,56
	200		260	1,57
250	100	700	275	1,59
	200		325	1,61
	250		350	1,63
300	100	800	300	1,68
	200		350	1,70
	300		400	1,72
350	100	850	325	1,74
	200		325	1,76
	350		425	1,78
400	100	900	350	1,80
	200		350	1,83
	400		450	1,86
500	100	1000	400	1,90
	200		400	1,94
	400		500	1,98
	500		500	1,98
600	200	1100	450	2,05
	400		550	2,10
	600		550	2,16

2.24.11 Flanschfußbogen 90° (N-Stück) einbauen

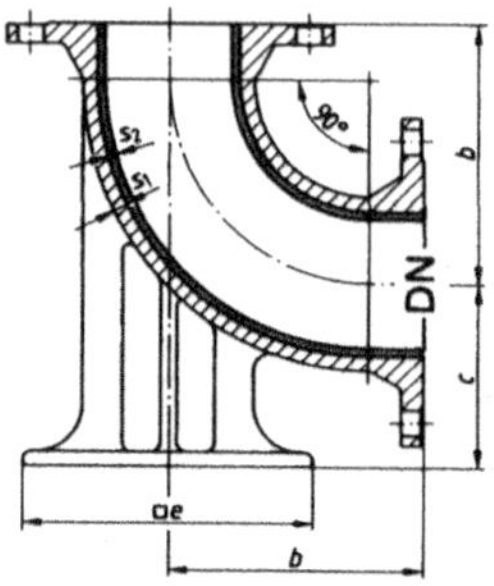

Zeichnung aus DIN 28 638, Ausg. 01.90

DN	Zulage-Zeitwerte in h/m
80	0,65
100	0,72
125	0,80
150	0,92
200	1,12
250	1,21
300	1,29
350	1,34
400	1,39
500	1,45
600	1,51

2.24.12 Kappen (O-Stück) mit Schraubmuffe einbauen

DN	Zulage-Zeitwerte in h/m
80	0,69
100	0,73
125	0,83
150	0,95
200	0,99
250	1,11
300	1,26

2.25 Steigeisen aus Gußeisen ein- bzw. ausbauen nach DIN 1211 und DIN 1212

Art	Gewicht in kg	Einbauen		Ausbauen h/Stück
		Beton h/Stück	Mauerwerk h/Stück	
A DIN 1211	3,3	1,20	0,95	0,63
B DIN 1211	2,0	1,05	0,85	0,60
DIN 1212	4,0	1,49	1,15	0,70
Sicherheitssteigeisen 10–200	4,0	1,20	1,00	0,50
Sicherheitssteigeisen 125–200	3,5	1,45	1,25	0,85

2.26 Rohrleitungen für Dichtigkeitsprüfung verschließen

DN	Blindflansch h/Stück	Mauerwerk h/Stück
50	0,25	–
80	0,30	–
100	0,40	0,85
125	0,45	1,00
150	0,50	1,05
200	0,55	1,25
250	0,63	1,35
300	–	1,50
350	–	1,65
400	–	1,80
450	–	2,35
500	–	3,00
600	–	4,35
700	–	5,00
800	–	6,00
900	–	7,00
1000	–	8,00

2.27 Kanalabschnitte instand setzen

Leistungen: Beseitigung der Muffenränder an den Anschlußenden, einpassen, Verlegen und Dichten der Rohre. Kanalabschnitte bis zu 5,00 m.

Art der Rohre	Ø mm	h/m
Steinzeugrohre	200	2,75
	250	3,00
	300	3,40
	350	4,00
	400	4,35
	450	5,80
	500	6,85
	600	8,35
Betonmuffenrohre	200	2,65
	250	2,95
	300	3,15
	350	4,00
	400	4,55
	450	5,35
	500	7,00
	600	8,05
Betonfalzrohr	250	2,35
	300	2,65
	400	3,35
	500	5,65

2.28 Verbindungen lösen

Druckrohrverbindung zur Wiederverwendung der Rohre lösen

DN	Stemmuffen durch		Schraub-muffen	Stopfbuch-senmuffen	Flanschen	Gewinde
	Aus-brennen	Aus-stemmen				
40	0,30	0,85			0,25	0,15
50	0,35	0,90			0,25	0,25
65						0,40
80	0,45	0,95			0,30	0,55
100	0,50	1,30	0,35		0,45	
150	0,65	1,65	0,40		0,50	
200	0,85	2,10	0,55		0,65	
250	1,10	2,85	0,60		0,85	
300	1,35	3,30	0,85		1,00	
350	1,40	3,65	0,90		1,30	
400	1,55	4,00	0,95		1,50	
500	2,20	5,55	1,20	1,80	2,00	
600	2,80	7,00		2,25	2,40	
700	3,35	8,50		2,75	2,90	
800	4,50	10,00		3,30	3,50	
900	5,00	12,55		3,70	4,00	
1000	6,00	15,00		4,35	4,90	
1100	7,05	18,35		4,60	5,00	
1200	8,50	21,00		4,80	5,50	

2.29 Unterflur-Hydranten

einbauen
einschließlich Straßenkappe und gegebenenfalls Fußkrümmer

DN	h/Stück
80	4,95
100	5,55

ausbauen
einschließlich Straßenkappe und gegebenenfalls Fußkrümmer

DN	h/Stück
80	3,55
100	4,00

2.30 Stopfen verschweißen

DN	h/Stück
1″	0,65
1 $^{1}/_{2}$	0,80
2″	0,75
2 $^{1}/_{2}$	0,85
3″	0,90
4″	1,40

2.31 Blech- und Rohrlängsschweißnähte

2.31.1 Stumpf- oder Kehlnaht einschließlich aller Nebenarbeiten

Blech- bzw. Rohrwanddicke mm	Stumpfnaht		Kehlnaht
	ohne Schneidarbeiten h/m	einschl. Schnitt und Fasen h/m	h/m
5,0	3,45		3,30
6,5	3,75	4,70	3,45
8,5	4,00	5,30	3,65
10,5	4,85	6,00	4,00
12,0	6,00	7,25	5,20

2.31.2 Blech- oder Rohrlängsschnitte herstellen

Blech- bzw. Rohrwanddicke mm	Glatter Schnitt h/m	Glatter Schnitt mit einseitiger Fase h/m	Gesondertes Anfasen h/m
5,0	0,35	0,50	0,30
6,5	0,65	0,65	0,40
8,5	0,70	0,80	0,50
10,5	0,75	0,95	0,55
12,0	0,90	1,15	0,70

3. Erdarbeiten für Rohrleitungs- und Kanalbau

3.1 Fundament-, Kabel- und Rohrgräben herstellen

A = Von Hand lösen und herauswerfen
Z = Von Hand lagenweise verfüllen
V = Lagenweise (ca. 30 cm d.) verdichten einschl. Geräte und Hilfsstoffe (z. B. 2 Lagen verdichten = 2×V)

Lfd. Nr.	Bodenart DIN 18 300	Art der Arbeit	je Einheit	Zeitaufwand in Stunden je 1 lfdm Grabenlänge bei einem Grabenquerschnitt (Breite×Tiefe) von								
				30×50	30×60	30×70	30×80	40×60	40×70	40×80	40×90	40×100
1	Leichter Boden Klasse 3	A	1,20/m³	0,18	0,22	0,25	0,29	0,29	0,34	0,38	0,43	0,48
		Z	1,00/m³	0,15	0,18	0,21	0,24	0,24	0,28	0,32	0,36	0,40
		2×V	2×0,10/m²	0,06	0,06	–	–	0,08	–	–	–	–
		3×V	3×0,10/m²	–	–	0,09	0,09	–	0,12	0,12	0,12	0,12
		4×V	4×0,10/m²	–	–	–	–	–	–	–	–	–
				0,39	0,46	0,55	0,62	0,61	0,74	0,82	0,91	1,00
2	Mittelschwerer Boden Klasse 4	A	180/m³	0,27	0,32	0,38	0,43	0,43	0,50	0,58	0,65	0,72
		Z	1,05/m³	0,16	0,19	0,22	0,25	0,25	0,29	0,34	0,38	0,42
		2×V	2×0,10/m²	0,06	0,06	–	–	0,08	–	–	–	–
		3×V	3×0,10/m²	–	–	0,09	0,09	–	0,12	0,12	0,12	0,12
		4×V	4×0,10/m²	–	–	–	–	–	–	–	–	–
				0,49	0,57	0,69	0,77	0,76	0,91	1,04	1,15	1,26
3	Schwerer Boden Klasse 5	A	3,20/m³	0,48	0,58	0,67	0,77	0,77	0,90	1,02	1,15	1,28
		Z	1,10/m³	0,17	0,20	0,23	0,26	0,26	0,31	0,35	0,40	0,44
		2×V	2×0,10/m²	0,06	0,06	–	–	0,08	–	–	–	–
		3×V	3×0,10/m²	–	–	0,09	0,09	–	0,12	0,12	0,12	0,12
		4×V	4×0,10/m²	–	–	–	–	–	–	–	–	–
				0,71	0,84	0,99	1,12	1,11	1,33	1,49	1,67	1,84

A = Von Hand lösen und herauswerfen
Z = Von Hand lagenweise verfüllen
V = Lagenweise (ca. 30 cm d.) verdichten einschl. Geräte und Hilfsstoffe (z. B. 2 Lagen verdichten = 2×V)

Lfd. Nr.	Bodenart DIN 18300	Art der Arbeit	je Einheit	Zeitaufwand in Stunden je 1 lfdm Grabenlänge bei einem Grabenquerschnitt (Breite×Tiefe) von										
				50×60	50×70	50×80	50×90	50×100	50×110	60×80	60×90	60×100	60×110	60×120
1	Leichter Boden Klasse 3	A	1,20/m³	0,36	0,42	0,48	0,54	0,60	0,66	0,58	0,65	0,72	0,79	0,86
		Z	1,00/m³	0,30	0,35	0,40	0,45	0,50	0,55	0,48	0,54	0,60	0,66	0,72
		2×V	2×0,10/m²	0,10	–	–	–	–	–	–	–	–	–	–
		3×V	3×0,10/m²	–	0,15	0,15	0,15	0,15	–	0,18	0,18	0,18	–	–
		4×V	4×0,10/m²	–	–	–	–	–	0,20	–	–	–	0,24	0,24
				0,76	0,92	1,03	1,14	1,25	1,41	1,24	1,37	1,50	1,69	1,82
2	Mittelschwerer Boden Klasse 4	A	1,80/m³	0,54	0,63	0,72	0,81	0,90	0,99	0,86	0,97	1,08	1,19	1,30
		Z	1,05/m³	0,32	0,37	0,42	0,47	0,53	0,58	0,50	0,57	0,63	0,69	0,76
		2×V	2×0,10/m²	0,10	–	–	–	–	–	–	–	–	–	–
		3×V	3×0,10/m²	–	0,15	0,15	0,15	0,15	–	0,18	0,18	0,18	–	–
		4×V	4×0,10/m²	–	–	–	–	–	0,20	–	–	–	0,24	0,24
				0,96	1,15	1,29	1,43	1,58	1,77	1,54	1,72	1,89	2,12	2,30
3	Schwerer Boden Kasse 5	A	3,20/m³	0,96	1,12	1,28	1,44	1,60	1,76	1,54	1,73	1,92	2,11	2,30
		Z	1,10/m³	0,33	0,39	0,44	0,50	0,55	0,61	0,53	0,59	0,66	0,73	0,79
		2×V	2×0,10/m²	0,10	–	–	–	–	–	–	–	–	–	–
		3×V	3×0,10/m²	–	0,15	0,15	0,15	0,15	–	0,18	0,18	0,18	–	–
		4×V	4×0,10/m²	–	–	–	–	–	0,20	–	–	–	0,24	0,24
				1,39	1,66	1,87	2,09	2,30	2,57	2,25	2,50	2,76	3,08	3,33

A = Von Hand lösen und herauswerfen
Hf = Höhenförderung
Z = Von Hand lagenweise verfüllen
V = Lagenweise (ca. 30 cm d.) verdichten einschl. Geräte und Hilfsstoffe (z. B. 2 Lagen verdichten = 2×V)
Verb = Verbau

Lfd. Nr.	Bodenart DIN 18300	Art der Arbeit	je Einheit	Zeitaufwand in Stunden je 1 lfdm Grabenlänge bei einem Grabenquerschnitt (Breite×Tiefe) von					
				1,0×1,5	1,0×2,0	1,0×2,5	1,0×3,0	1,0×3,5	1,0×4,0
1	Leichter Boden Klasse 3	A	1,20 m³	1,80	2,40	3,00	3,60	4,20	4,80
		Hf	0,85 m³	–	1,70	2,16	2,25	2,98	3,40
		Z	0,90 m³	1,35	1,80	2,25	2,70	3,15	3,60
		×V	0,10 m²	0,50	0,60	0,80	1,00	1,10	1,30
		×Verb	0,40 m²	1,20	1,60	2,00	2,40	2,80	3,20
				4,85	8,10	10,21	11,95	14,23	16,30
2	Mittelschwerer Boden Klasse 4	A	1,80 m³	2,70	3,60	4,50	5,40	6,30	7,20
		Hf	1,10 m³	–	2,20	2,75	3,30	3,85	4,40
		Z	1,15 m³	1,73	2,30	2,88	3,45	4,03	4,60
		×V	0,12 m²	0,50	0,60	0,80	1,00	1,10	1,30
		×Verb	0,43 m²	1,29	1,72	2,15	2,58	3,01	3,44
				6,22	10,42	13,08	15,73	18,29	20,94
3	Schwerer Boden Klasse 5	A	3,25 m³	5,70	7,60	9,50	11,40	13,30	15,20
		Hf	1,15 m³	–	2,30	2,88	3,45	4,03	4,60
		Z	1,30 m³	1,95	2,60	3,25	3,90	4,55	5,20
		×V	0,15 m²	0,50	0,60	0,80	1,00	1,10	1,30
		×Verb	0,45 m²	1,35	1,80	2,25	2,70	3,15	3,60
				9,50	14,90	18,68	22,45	26,13	29,90

A = Von Hand lösen und herauswerfen
Hf = Höhenförderung
Z = Von Hand lagenweise verfüllen
V = Lagenweise (ca. 30 cm d.) verdichten einschl. Geräte und Hilfsstoffe (z. B. 2 Lagen verdichten = 2×V)
Verb = Verbau

Lfd. Nr.	Bodenart DIN 18300	Art der Arbeit	je Einheit	Zeitaufwand in Stunden je 1 lfdm Grabenlänge bei einem Grabenquerschnitt (Breite×Tiefe) von					
				1,25×1,50	1,25×2,00	1,25×2,50	1,25×3,00	1,25×3,50	1,25×4,00
1	Leichter Boden Klasse 3	A	1,20 m^3	2,25	3,00	3,75	4,50	5,25	6,00
		Hf	0,85 m^3	–	2,13	2,65	3,19	3,72	4,25
		Z	0,90 m^3	1,69	2,25	2,81	3,38	3,94	4,50
		×V	0,10 m^2	0,63	0,75	1,00	1,25	1,38	1,63
		×Verb	0,40 m^2	1,20	1,60	2,00	2,40	2,80	3,20
				5,77	9,73	12,21	14,72	17,09	19,58
2	Mittelschwerer Boden Klasse 4	A	1,80 m^3	3,38	4,50	5,63	6,75	7,88	9,00
		Hf	1,10 m^3	–	2,75	3,44	4,12	4,81	5,50
		Z	1,15 m^3	2,16	2,88	3,59	4,31	5,03	5,75
		×V	0,12 m^2	0,63	0,75	1,00	1,25	1,38	1,63
		×Verb	0,43 m^2	1,29	1,72	2,15	2,58	3,01	3,44
				7,46	12,60	15,81	19,01	22,11	25,32
3	Schwerer Boden Klasse 5	A	3,25 m^3	7,13	9,50	11,88	14,25	16,62	19,00
		Hf	1,15 m^3	–	2,88	3,59	4,31	5,03	5,75
		Z	1,30 m^3	2,44	3,25	4,06	4,88	5,69	6,50
		×V	0,15 m^2	0,63	0,75	1,00	1,25	1,38	1,63
		×Verb	0,45 m^2	1,35	1,80	2,25	2,70	3,15	3,60
				11,55	18,18	22,78	27,39	31,87	36,48

A = Von Hand lösen und herauswerfen
Hf = Höhenförderung
Z = Von Hand lagenweise verfüllen
V = Lagenweise (ca. 30 cm d.) verdichten einschl. Geräte und Hilfsstoffe (z. B. 2 Lagen verdichten = 2×V)
Verb = Verbau

Lfd. Nr.	Bodenart DIN 18300	Art der Arbeit	je Einheit	Zeitaufwand in Stunden je 1 lfdm Grabenlänge bei einem Grabenquerschnitt (Breite×Tiefe) von					
				1,50×1,50	1,50×2,00	1,50×2,50	1,50×3,00	1,50×3,50	1,50×4,00
1	Leichter Boden Klasse 3	A	1,20 m^3	2,70	3,60	4,50	5,40	6,30	7,20
		Hf	0,85 m^3	–	2,55	3,19	3,83	4,46	5,10
		Z	0,90 m^3	2,02	2,70	3,38	4,05	4,73	5,40
		×V	0,10 m^2	0,75	0,90	1,20	1,50	1,65	1,95
		×Verb	0,40 m^2	1,20	1,60	2,00	2,40	2,80	3,20
				6,67	11,35	14,27	17,18	19,94	22,85
2	Mittelschwerer Boden Klasse 4	A	1,80 m^3	4,05	5,40	6,75	8,10	9,45	10,80
		Hf	1,10 m^3	–	3,30	4,13	4,95	5,78	6,60
		Z	1,15 m^3	3,38	3,45	5,63	6,75	7,88	9,00
		×V	0,15 m^2	0,75	0,90	1,20	1,50	1,65	1,95
		×Verb	0,43 m^2	1,29	1,72	2,15	2,58	3,01	3,44
				9,47	14,77	19,86	23,88	27,77	31,79
3	Schwerer Boden Klasse 5	A	3,80 m^3	8,55	11,40	14,25	17,10	19,95	22,80
		Hf	1,15 m^3	–	3,45	4,31	5,18	6,04	6,90
		Z	1,30 m^3	2,93	3,90	4,88	5,85	6,83	7,80
		×V	0,10 m^2	0,75	0,90	1,20	1,50	1,65	1,95
		×Verb	0,45 m^2	1,35	1,80	2,25	2,70	3,15	3,60
				13,58	21,45	26,89	32,33	37,62	43,05

A = Von Hand lösen und herauswerfen
Hf = Höhenförderung
Z = Von Hand lagenweise verfüllen
V = Lagenweise (ca. 30 cm d.) verdichten einschl. Geräte und Hilfsstoffe (z. B. 2 Lagen verdichten = 2×V)
Verb = Verbau

Lfd. Nr.	Bodenart DIN 18300	Art der Arbeit	je Einheit	Zeitaufwand in Stunden je 1 lfdm Grabenlänge bei einem Grabenquerschnitt (Breite×Tiefe) von						
				2,0×1,50	2,0×2,00	2,0×2,50	2,0×3,00	2,0×3,50	2,0×4,00	2,0×5,00
1	Leichter Boden Klasse 3	A	1,20 m³	3,60	4,80	6,00	7,20	8,40	9,60	12,00
		Hf	0,85 m³	–	3,40	4,25	5,10	5,95	6,80	8,50
		Z	0,90 m³	2,70	3,60	4,50	5,40	6,30	7,20	9,00
		×V	0,10 m²	1,00	1,20	1,60	2,00	2,30	2,40	3,20
		×Verb	0,40 m²	1,20	1,60	2,00	2,40	2,80	3,20	4,00
				8,50	14,60	17,35	22,10	25,65	29,20	36,70
2	Mittelschwerer Boden Klasse 4	A	1,80 m³	5,40	7,20	9,00	10,80	12,60	14,40	18,00
		Hf	1,10 m³	–	4,40	5,50	6,60	7,70	8,80	11,00
		Z	1,15 m³	3,45	4,60	5,75	6,90	8,05	9,20	11,50
		×V	0,10 m²	1,00	1,20	1,60	2,00	2,20	2,40	3,20
		×Verb	0,43 m²	1,29	1,72	2,15	2,58	3,01	3,44	4,30
				11,14	19,12	24,00	28,88	33,56	38,24	48,00
3	Schwerer Boden Klasse 5	A	3,80 m³	11,40	15,20	19,00	22,80	26,60	30,40	38,00
		Hf	1,15 m³	–	4,60	5,75	6,90	8,05	9,20	11,50
		Z	1,30 m³	3,90	5,20	6,50	7,80	9,10	10,40	13,00
		×V	0,10 m²	1,00	1,20	1,60	2,00	2,20	2,40	3,20
		×Verb	0,45 m²	1,35	1,80	2,25	2,70	3,15	3,60	4,05
				17,65	28,00	35,10	42,20	49,10	56,00	69,75

A = Von Hand lösen und herauswerfen
Hf = Höhenförderung
Z = Von Hand lagenweise verfüllen
V = Lagenweise (ca. 30 cm d.) verdichten einschl. Geräte und Hilfsstoffe (z. B. 2 Lagen verdichten = 2×V)
Verb = Verbau

Lfd. Nr.	Bodenart DIN 18300	Art der Arbeit	je Einheit	Zeitaufwand in Stunden je 1 lfdm Grabenlänge bei einem Grabenquerschnitt (Breite×Tiefe) von				
				2,50×1,50	2,50×2,00	2,50×2,50	2,50×3,00	2,50×3,50
1	Leichter Boden Klasse 3	A	1,20 m^3	4,50	6,00	7,50	9,00	10,50
		Hf	0,85 m^3	3,18	4,25	5,31	6,38	7,44
		Z	0,90 m^3	3,38	4,50	5,63	6,75	7,88
		×V	0,10 m^2	1,25	1,50	2,00	2,50	2,75
		×Verb	0,40 m^2	1,20	1,60	2,00	2,40	2,80
				13,51	17,85	22,44	27,03	31,37
2	Mittelschwerer Boden Klasse 4	A	1,80 m^3	6,75	9,00	11,25	13,50	15,75
		Hf	1,10 m^3	4,13	5,50	6,88	8,25	9,62
		Z	1,15 m^3	4,31	5,75	7,19	8,63	10,06
		×V	0,10 m^2	1,25	1,50	2,00	2,50	2,75
		×Verb	0,43 m^2	1,29	1,72	2,15	2,58	3,01
				17,73	23,47	29,47	35,46	41,19
3	Schwerer Boden Klasse 5	A	3,80 m^3	14,25	19,00	23,75	28,50	33,25
		Hf	1,15 m^3	4,31	5,75	7,19	8,63	10,06
		Z	1,30 m^3	4,88	6,50	8,13	9,75	11,38
		×V	0,10 m^2	1,25	1,50	2,00	2,50	2,75
		×Verb	0,45 m^2	1,69	1,80	2,25	2,70	3,15
				26,38	34,55	43,32	52,08	60,59

3.2 Bodenaushub für Rohrgräben mit Gerät

Boden nach DIN 18300 Klasse 3

einschl. Ein- und Aussteifen (Berliner Verbau, 2 Verbaukolonnen)

Graben-tiefe m	h/m³ Rohrgräben mit einer Breite von						
	0,80	1,00	1,25	1,50	1,75	2,00	2,25
1,00	1,46	1,52	1,60	1,64	1,70	1,75	1,79
1,25	1,56	1,62	1,70	1,74	1,78	1,80	1,83
1,50	1,65	1,71	1,81	1,84	1,88	1,95	1,99
1,75	1,72	1,79	1,86	1,88	1,92	2,05	2,08
2,00	1,80	1,85	1,91	1,95	1,99	2,15	2,18
2,25	1,86	1,92	1,99	2,03	2,05	2,20	2,24
2,50	–	2,00	2,08	2,12	2,15	2,22	2,26
2,75	–	2,10	2,20	2,22	2,26	2,29	2,31
3,00	–	2,22	2,31	2,35	2,41	2,46	2,48
3,25	–	2,31	2,43	2,50	2,56	2,61	2,64
3,50	–	2,40	2,52	2,58	2,61	2,68	2,70
3,75	–	2,50	2,64	2,69	2,72	2,76	2,80
4,00	–	2,68	2,81	2,83	2,85	2,88	2,91
4,25	–	2,86	2,90	2,94	2,98	3,02	3,05
4,50	–	3,05	3,20	3,31	3,40	3,44	3,48
4,75	–	3,21	3,37	3,42	3,46	3,50	3,53
5,00	–	3,37	3,46	3,51	3,60	3,63	3,66
5,25	–	–	3,53	3,60	3,65	3,69	3,76
5,50	–	–	3,69	3,72	3,77	3,81	3,88
5,75	–	–	3,85	3,91	4,00	4,05	4,15
6,00	–	–	3,90	3,95	4,03	4,09	4,21
6,25	–	–	–	3,99	4,11	4,16	4,25
6,50	–	–	–	4,05	4,15	4,20	4,30
6,75	–	–	–	4,11	4,19	4,25	4,33
7,00	–	–	–	4,17	4,23	4,30	4,42
7,25	–	–	–	4,20	4,33	4,38	4,46
7,50	–	–	–	4,28	4,40	4,44	4,51

Boden nach DIN 18 300 Klasse 4

einschl. Ein- und Aussteifen (Berliner Verbau, 2 Verbaukolonnen)

Grabentiefe m	h/m³ Rohrgräben mit einer Breite von						
	0,80	1,00	1,25	1,50	1,75	2,00	2,25
1,00	1,69	1,75	1,82	1,89	1,96	1,99	2,08
1,25	1,74	1,80	1,87	1,94	2,01	2,09	2,17
1,50	1,79	1,86	1,93	2,02	2,09	2,17	2,26
1,75	2,00	2,08	2,16	2,22	2,34	2,44	2,55
2,00	2,14	2,22	2,31	2,40	2,49	2,59	2,69
2,25	2,22	2,30	2,39	2,49	2,59	2,68	2,78
2,50	–	2,51	2,61	2,71	2,82	2,93	2,99
2,75	–	2,62	2,72	2,83	2,94	3,14	3,26
3,00	–	2,70	2,81	2,92	3,04	3,16	3,29
3,25	–	2,83	2,94	3,06	3,18	3,30	3,43
3,50	–	2,91	3,02	3,14	3,26	3,41	3,51
3,75	–	3,08	3,20	3,33	3,45	3,58	3,62
4,00	–	3,32	3,45	3,58	3,72	3,87	3,95
4,25	–	3,46	3,57	3,71	3,85	3,90	4,15
4,50	–	3,51	3,65	3,79	3,94	4,09	4,25
4,75	–	3,68	3,82	3,97	4,12	4,28	4,45
5,00	–	3,85	3,94	4,11	4,27	4,44	4,61
5,25	–	–	4,00	4,13	4,30	4,48	4,65
5,50	–	–	4,14	4,30	4,46	4,63	4,81
5,75	–	–	4,38	4,55	4,73	4,93	5,12
6,00	–	–	4,58	4,63	4,81	5,00	5,20
6,25	–	–	–	4,68	4,86	5,05	5,25
6,50	–	–	–	4,75	4,94	5,14	5,34
6,75	–	–	–	4,91	5,05	5,20	5,41
7,00	–	–	–	4,88	5,10	5,28	5,49
7,25	–	–	–	5,00	5,20	5,41	5,62
7,50	–	–	–	5,16	5,36	5,58	5,80

Boden nach DIN 18300 Klasse 5

einschl. Ein- und Aussteifen (Berliner Verbau, 2 Verbaukolonnen)

Graben-tiefe m	h/m³ Rohrgräben mit einer Breite von						
	0,80	1,00	1,25	1,50	1,75	2,00	2,25
1,00	2,05	2,13	2,22	2,31	2,40	2,50	2,58
1,25	2,16	2,25	2,34	2,43	2,52	2,62	2,73
1,50	2,21	2,30	2,39	2,48	2,58	2,69	2,80
1,75	2,30	2,39	2,49	2,59	2,69	2,80	2,92
2,00	2,50	2,60	2,70	2,81	2,92	3,13	3,24
2,25	2,64	2,73	2,95	3,16	3,28	3,34	3,44
2,50	–	2,79	2,99	3,22	3,32	3,38	3,49
2,75	–	2,84	3,05	3,26	3,44	3,50	3,54
3,00	–	2,90	3,08	3,28	3,47	3,52	3,56
3,25	–	3,04	3,16	3,30	3,49	3,54	3,69
3,50	–	3,19	3,32	3,45	3,59	3,73	3,87
3,75	–	3,32	3,45	3,59	3,73	3,88	3,99
4,00	–	3,40	3,54	3,69	3,83	3,98	4,13
4,25	–	3,58	3,73	3,88	3,99	4,14	4,35
4,50	–	3,88	4,03	4,19	4,35	4,42	4,59
4,75	–	4,06	4,22	4,38	4,55	4,73	4,90
5,00	–	4,24	4,31	4,48	4,65	4,82	4,99
5,25	–	–	4,36	4,53	4,71	4,89	5,08
5,50	–	–	4,58	4,76	4,95	5,15	5,32
5,75	–	–	4,72	4,90	5,10	5,31	5,52
6,00	–	–	4,88	5,04	5,16	5,37	5,57
6,25	–	–	–	5,12	5,29	5,55	5,72
6,50	–	–	–	5,18	5,36	5,59	5,81
6,75	–	–	–	5,26	5,47	5,68	5,90
7,00	–	–	–	5,34	5,66	5,88	6,11
7,25	–		–	5,43	5,70	5,91	6,14
7,50	–	–	–	5,56	5,78	5,99	6,20

3.3 Ein- und Aussteifen von Kabel- und Rohrgräben

Waagerechter Verbau h/m²

Rohrgräben		Bodenarten nach DIN 18300		
Tiefe	Breite	Klasse 3	Klasse 4	Klasse 5
bis 1,50	1,50	0,35	0,39	0,41
	2,50	0,40	0,43	0,45
	3,50	0,46	0,51	0,53
	4,50	0,51	0,54	0,58
	5,00	0,65	0,71	0,74
1,50–3,00	1,50	0,40	0,43	0,45
	2,50	0,65	0,61	0,65
	3,50	0,68	0,67	0,69
	4,50	0,90	0,91	0,93
	5,00	1,00	1,02	1,05
3,00–4,50	1,50	0,55	0,59	0,61
	2,50	0,68	0,70	0,73
	3,50	0,95	0,96	0,99
	4,50	1,15	1,18	1,20
	5,00	1,25	1,29	1,30
4,50–6,00	1,50	0,80	0,84	0,86
	2,50	0,93	0,95	0,99
	3,50	1,40	1,43	1,45
	4,50	1,65	1,66	1,71
	5,00	1,90	2,10	2,15

Rohrgräben		Kastensteifung		Steifung in Schutt u. Geröll
Tiefe	Breite	2,0×2,0	3,0×3,0	
bis 1,50	1,50	0,52	0,55	0,52
	2,50	0,57	0,61	0,57
	3,50	0,63	0,69	0,63
	4,50	0,71	0,75	0,68
	5,00	0,91	0,95	0,80
1,50–3,00	1,50	0,57	0,61	0,60
	2,50	0,74	0,73	0,76
	3,50	0,74	0,78	0,80
	4,50	0,99	1,00	0,95
	5,00	1,08	1,05	1,10
3,00–4,50	1,50	0,70	0,80	0,80
	2,50	0,90	0,95	0,88
	3,50	1,15	1,20	1,20
	4,50	1,30	1,30	1,31
	5,00	1,60	1,60	1,45
4,50–6,00	1,50	1,00	1,05	1,00
	2,50	1,20	1,21	1,25
	3,50	1,65	1,70	1,80
	4,50	1,82	1,85	1,90
	5,00	2,85	2,95	2,65

3.4 Grasnarbe abstechen, Einsanden der Kabel

Art der Arbeit	je Einheit	Zeitaufwand in Stunden je 1 lfdm Grabenlänge bei einer Grabenbreite von						
		30 cm	40 cm	50 cm	60 cm	70 cm	80 cm	100 cm
Grasnarbe i.M. 15 cm stark								
a) abstechen, aufheben u. bis 5 m beiseite setzen	$0{,}16/m^2$	0,05	0,06	0,08	0,10	0,11	0,13	0,16
b) stapeln	$0{,}04/m^2$	0,01	0,02	0,02	0,02	0,03	0,03	0,04
c) andecken und anklopfen	$0{,}15/m^2$	0,05	0,06	0,08	0,09	0,11	0,12	0,15
Zusammen	$0{,}35/m^2$	0,11	0,14	0,18	0,21	0,25	0,28	0,35

Einsanden von Kabeln

Sandschicht, 10 cm stark einbringen einschl. transportieren	$1{,}25/m^3$	0,04	0,05	0,06	0,08	0,09	0,10	0,13

3.5 Grabenverbau mit Stahlspundbohlen

in den Bodenarten 3–5 nach DIN 18 300

Leistungen: Schalung an Ort aufnehmen,
ausrichten und rammen.

Art	KD III S		KD 800		KD VI	
Tiefen/m	h/m²		h/m²		h/m²	
	3–4	5	3–4	5	3–4	5
0– 2,00	0,60	0,70	0,73	0,78	0,80	0,89
0– 2,50	0,65	0,75	0,78	0,83	0,85	0,94
0– 3,00	0,70	0,80	0,83	0,88	0,90	0,99
0– 3,50	0,75	0,85	0,88	0,93	0,95	1,04
0– 4,00	0,82	0,92	0,95	0,98	1,00	1,09
0– 4,50	0,86	0,96	0,99	1,04	1,06	1,15
0– 5,00	0,93	0,99	1,02	1,07	1,09	1,18
0– 5,50	0,98	1,08	1,11	1,16	1,18	1,27
0– 6,00	1,08	1,18	1,21	1,26	1,29	1,38
0– 6,50	1,20	1,30	1,33	1,34	1,37	1,47
0– 7,00	1,40	1,40	1,43	1,47	1,50	1,61
0– 7,50	1,60	1,70	1,73	1,78	1,80	1,85
0– 8,00	1,75	1,85	1,88	1,93	1,98	1,99
0– 8,50	1,90	1,95	1,98	2,03	2,08	2,15
0– 9,00	2,00	2,10	2,13	2,18	2,19	2,30
0– 9,50	2,15	2,25	2,28	2,33	2,31	2,45
0–10,00	2,25	2,30	2,33	2,38	2,40	2,60
0–10,50	2,40	2,40	2,43	2,48	2,50	2,80
0–11,00	2,51	2,61	2,64	2,70	2,75	2,95
0–11,50	2,65	2,75	2,78	2,83	2,86	3,00
0–12,00	3,00	3,10	3,13	3,18	3,14	3,20

3.6 Ein- und Ausbau von Brücken

DIN 10 42

Rohrgraben-breite	Brückenklassen in t einschließlich Auflager				
	12 h/m²	30 h/m²	60 h/m²	PKW-Einfahrten h/m²	Fußgängerbrücken einschl. Handlauf h/m²
1,00	3,95	7,15	9,00	1,95	1,00
1,25	5,40	8,00	9,40	2,40	1,20
1,50	5,60	9,70	10,05	2,65	1,35
1,75	5,80	9,85	11,85	2,95	1,45
2,00	5,95	10,12	12,95	3,15	1,60
2,25	6,08	10,60	13,40	3,28	1,72
2,50	6,15	11,80	13,60	3,45	1,85
3,00	8,00	13,00	14,65	3,65	2,00
3,50	8,50	13,65	14,95	3,80	2,15
4,00	9,20	14,15	15,60	3,95	2,40

3.7 Betonaufbruch über Gräben im Rohrleitungsbau

B 55

Dicke in cm	Festigkeitsklasse B						
	5 h/m²	10 h/m²	15 h/m²	25 h/m²	35 h/m²	45 h/m²	55 h/m²
bis 5	0,10	0,13	0,19	0,25	0,35	0,45	0,65
über 5–10	0,15	0,18	0,24	0,30	0,51	0,63	0,72
über 10–15	0,18	0,21	0,29	0,48	0,85	0,98	1,05
über 15–20	0,21	0,24	0,31	0,80	1,30	1,42	1,49
über 20–25	0,28	0,31	0,35	0,95	1,85	1,96	2,11
über 25–30	0,35	0,38	0,46	1,40	2,15	2,24	2,45
über 30–35	0,40	0,45	0,51	1,85	2,65	3,00	3,05
über 35–40	0,51	0,56	0,62	2,25	3,15	3,40	3,60
über 40–45	0,56	0,58	0,70	2,85	3,65	3,92	3,99
über 45–50	0,62	0,70	0,81	3,60	4,45	5,00	5,15

3.8 Mauerwerks- und Betondurchbrüche

für Hausanschlüsse d = 20 bis 40

Wanddicke cm	in Kalkmörtel			in Kalkzementmörtel			in Beton ohne Bewehrung		
	20 h/Stück	30 h/Stück	40 h/Stück	20 h/Stück	30 h/Stück	40 h/Stück	20 h/Stück	30 h/Stück	40 h/Stück
bis 15	0,65	0,80	1,00	0,80	0,95	1,05	1,05	1,40	1,55
über 15–30	0,85	1,00	1,30	1,05	1,30	1,45	1,40	1,85	2,15
über 30–40	1,00	1,20	1,60	1,30	1,60	1,85	1,65	2,05	2,45
über 40–50	1,20	1,40	1,95	1,50	1,95	2,15	2,00	2,45	3,00
über 50–60	1,40	1,55	2,15	1,60	2,15	2,40	2,45	2,85	3,85
über 60–70	1,60	1,75	2,40	1,85	2,40	2,80	3,05	3,15	4,40
über 70–80	1,95	2,10	2,80	2,05	2,65	3,05	3,60	3,85	5,00

4. Kabelschächte

4.1 Kabelschächte der Deutschen Bundespost aus Mauerwerk

Schachtgröße (im Lichten)			Lage der Schächte	Zeitaufwand für das Herstellen eines Kabelschachtes					
Länge	Breite	Tiefe		Aushub	Mauerwerk	Rapputz	Fugenglatt	Stahlbetondecken	
								einschalen	ausschalen
m	m	m		h/m³	h/m³	h/m²	h/m²	h/m²	h/m²
1,50	1,20	1,65	Gehweg	2,08	18,00	0,36	0,51	0,71	0,35
1,90	1,20	1,65	Gehweg	1,95	17,30	0,34	0,51	0,65	0,33
2,50	1,50	1,65	Gehweg	1,89	16,45	0,32	0,48	0,61	0,33
3,00	1,50	1,65	Gehweg	1,85	16,00	0,30	0,48	0,59	0,30
1,50	1,20	2,00	Gehweg	1,98	17,45	0,35	0,49	0,71	0,35
1,90	1,20	2,00	Gehweg	1,93	17,05	0,33	0,49	0,65	0,33
2,50	1,50	2,00	Gehweg	1,88	16,40	0,32	0,42	0,61	0,33
3,00	1,50	2,00	Gehweg	1,79	15,60	0,28	0,42	0,59	0,30
1,50	1,20	1,65	Fahrbahn	2,08	18,00	0,36	0,51	0,85	0,41
1,90	1,20	1,65	Fahrbahn	1,95	17,30	0,34	0,51	0,82	0,39
2,50	1,50	1,65	Fahrbahn	1,89	16,45	0,32	0,48	0,80	0,39
3,00	1,50	1,65	Fahrbahn	1,85	16,00	0,30	0,48	0,78	0,35
1,50	1,20	2,00	Fahrbahn	1,98	17,45	0,35	0,49	0,85	0,41
1,90	1,20	2,00	Fahrbahn	1,93	17,05	0,33	0,49	0,82	0,39
2,50	1,50	2,00	Fahrbahn	1,88	16,40	0,32	0,42	0,80	0,39
3,00	1,50	2,00	Fahrbahn	1,79	15,60	0,28	0,42	0,78	0,35

4.2 Kabelschächte aus Stahlbeton-Fertigteilen

Ovale Stahlbeton-Fertigschächte der Deutschen Bundespost, Normgrößen und Stahlbeton-Fertigschächte Sondergrößen

Lichte Kabelschachtgröße in cm			Zeitaufwand h/Stück	Lichte Kabelschachtgröße in cm			Zeitaufwand h/Stück	Lichte Kabelschachtgröße in cm			Zeitaufwand h/Stück
Länge	Breite	Höhe		Länge	Breite	Höhe		Länge	Breite	Höhe	
1,60	1,20	1,40	14,00	2,50	1,50	1,40	16,60	3,00	2,00	1,80	23,80
		1,65	14,20			1,65	16,95			2,00	23,95
		1,80	14,40			1,80	17,15			2,20	24,15
		2,00	14,60			2,00	17,35			2,50	24,69
		2,20	14,80			2,20	17,40	4,00	1,20	1,80	22,70
2,00	1,20	1,40	15,00	3,10	1,50	1,65	18,05			2,00	23,00
		1,65	15,20			1,80	18,25			2,20	23,20
		1,80	15,50			2,00	18,41	4,00	1,50	1,80	23,45
		2,00	15,90			2,20	19,20			2,00	24,00
		2,20	16,60	3,70	1,50	1,40	19,00			2,20	24,40
3,00	1,20	1,40	16,85			1,65	19,30			2,50	25,20
		1,65	16,95			1,80	19,65	4,00	2,00	1,80	30,00
		1,80	17,20			2,00	20,00			2,00	30,15
		2,00	17,40			2,20	20,15			2,20	31,00
		2,20	17,53	4,30	1,50	1,40	22,10			2,50	32,05
3,60	1,20	1,40	17,65			1,65	22,60	5,00	2,00	1,80	35,15
		1,65	17,95			1,80	23,15			2,00	35,45
		1,80	18,15			2,00	23,40			2,20	36,00
		2,00	18,45			2,20	24,00			2,50	36,45
		2,20	19,30					5,00	1,50	1,80	34,90
4,20	1,20	1,40	21,50							2,00	35,80
		1,65	21,75							2,20	36,45
		1,80	22,50					6,00	1,50	1,80	46,00
		2,00	23,15							2,00	46,30
		2,20	24,00							2,20	46,65

5. Kanallinien

5.1 Kabelkanal-Formsteine aus Beton verlegen

Leistungen: Verlegen in Tiefen bis zu 2 m, Kalibrieren 4zügig = 4×1,00 m, Einsetzen der Dorne.

Art der Kabelkanal-Formsteine	auslegen h/m	einbringen h/m	verlegen h/m	Beton-arbeiten h/m	kalibrieren h/m	Zus. h/m
einzügig	0,05	0,04	0,35	0,05	0,03	**0,52**
zweizügig	0,06	0,05	0,41	0,10	0,06	**0,68**
dreizügig	0,08	0,06	0,53	0,15	0,09	**0,91**
vierzügig	0,09	0,08	0,62	0,20	0,12	**1,11**
2. Lage zweizügig	0,06	0,05	0,37	0,06	0,06	**0,60**
2. Lage dreizügig	0,08	0,06	0,49	0,07	0,09	**0,79**
2. Lage vierzügig	0,09	0,08	0,59	0,08	0,12	**0,96**
einzügig geteilt	0,08	0,06	0,40	0,08	0,03	**0,65**
zweizügig geteilt	0,10	0,08	0,45	0,10	0,06	**0,79**
dreizügig geteilt	0,12	0,10	0,60	0,12	0,09	**1,03**
vierzügig geteilt	0,14	0,12	0,70	0,14	0,12	**1,22**
2. Lage einz. geteilt	0,05	0,05	0,40	0,06	0,03	**0,59**
2. Lage zweiz. geteilt	0,06	0,06	0,50	0,07	0,06	**0,75**
2. Lage dreiz. geteilt	0,07	0,07	0,60	0,08	0,09	**0,91**
2. Lage vierz. geteilt	0,08	0,08	0,70	0,10	0,12	**1,08**

5.2 Kabelverlegung

Kabel-durchmesser in mm	im Erdreich h/m	Kabel-Kenn-streifen befestigen h/m	einsanden h/m	abdecken mit Hauben h/m	in Rohre ziehen h/m	auf Kabel-bahnen h/m
0–20	0,10	0,05	0,05	0,08	0,12	0,08
21–30	0,12	0,05	0,05	0,08	0,14	0,10
31–40	0,16	0,05	0,07	0,08	0,18	0,12
41–50	0,20	0,06	0,07	0,10	0,23	0,18
51–60	0,22	0,06	0,08	0,10	0,25	0,25
61–70	0,25	0,08	0,09	0,10	0,30	0,32
71–80	0,31	0,08	0,09	0,12	0,35	0,35
81–90	0,40	0,08	0,10	0,12	0,45	0,40

am gespannten Freileitungs-Stahlseil

d in mm	Abstand	
	0,80 m	1,50 m
0–30	0,20	0,18
41–50	0,36	0,31
51–60	0,43	0,36

5.3 Kabel mit Kabelschellen an Ankerschienen befestigen einschließlich Ausrichten der Kabel h/m

d in mm	Abstand der Ankerschienen				
0–90	0,50 m	1,00 m	1,25 m	1,50 m	1,75 m
0–20	0,15	0,12	–	–	–
21–30	0,18	0,16	0,12	–	–
31–40	0,22	0,18	0,15	0,12	–
41–50	0,30	0,28	0,25	0,20	0,18
51–60	0,41	0,39	0,35	0,32	0,32
61–70	0,43	0,41	0,39	0,39	0,39
71–80	0,46	0,41	0,39	0,39	0,39
81–90	0,50	0,48	0,46	0,46	0,46

5.4 Straßenunterfahrung

Ausführung je Stück in 0,80 m Tiefe bis 10 m Länge durch Bohrung und Verrohrung

Lohn:	Kopflöcher (2/1,00×1,00×2,50) 5,00 m^3 = 1,00 h ausheben	= 5,00 h/10 m	
	Kopflöcher verfüllen 5,00 m^3 = 0,80 h	= 4,00 h/10 m	
	Kopflöcher verdichten 5,00 m^3 = 0,40 h	= 2,00 h/10 m	
	Bohrgerät transportieren 30 m	= 0,40 h/10 m	
	Bohrgerät einbauen	= 1,20 h/10 m	
	Bohrgerät ausrichten	= 0,15 h/10 m	
	Bohrgerät abbauen	= 0,75 h/10 m	
	Bohrgerät säubern	= 1,00 h/10 m	
	Aus- und Einsteifen der Baugrube 7,60 m^2×0,85 h	= 6,46 h/10 m	
		$\frac{20{,}96\ h}{10\ m}$	= 2,10 h
	Bohren je m Durchmesser bis 130 mm		= 0,85 h
	Verrohrung je m		= 0,20 h
	Mittellohn . . . . ×		3,15 h
			. . . .
Material:	Lieferung der . . . . rohre m . . . . DM	=	. . . .

Geräte-kosten: Vorhalten 1 Bohrgerät komplett . . . . DM

. . . . Jahre . . . . . v. H. . . . . PS

$\frac{\text{M.A.V. . . . . . . v. H. × . . . . . .}}{175}$ = ... DM

. . . . % = ... DM

. . . . DM = ... DM

Betriebsstoffe:

. . . . .×. . . . .×. . . . .×. . . . . DM = ... DM

Schmierstoffe . . . % v. . . . DM = ... DM

. . . . DM

$\frac{\text{. . . . . DM}}{\text{. . . h}}$ = ... DM . . . .

Fuhrkosten: . . . . Std. . . . . t lt. GNT . . . . . DM

$\frac{\text{= . . . . DM}}{\text{. . . h}}$ = ... DM . . . .

Sonstige Kosten: . . . . % Zuschlag auf Lohn = ... DM . . . .

. . . . % Zuschlag auf Material, Geräte und Fuhrkosten . . . . DM = ... DM . . . .

. . . . DM

6. Straßenabläufe und Sickerschächte

6.1 Straßenabläufe nach DIN 4052 einbauen

Aufbaukombination der Straßenabläufe

Einbauhöhe in mm ohne Aufsatzhöhe	Betonteile d = 450 mm		h/Stück
ohne Schlammraum (mit Eimer)			
960	1a 5d 10a	Eimer A4	1,66
685	1a 11 10b	Eimer D1	1,11
980	1a 6a 11 10b	Eimer C3	1,70
960	1a 5d 10a	Eimer A2	1,66
980	1a 5b 5b 10a	Eimer A4	1,70
mit Schlammraum (ohne Eimer)			
1250	2a 6a 3a 11 10b		2,28
1495	2a 6a 6b 3a 11 10a		2,77
1345	2a 6a 3b 11 10b		2,47

6.2 Aufsätze für Straßenabläufe

DIN 15594	DIN 19583	
Klasse C 300×500 Bauhöhe 140 mm	Klasse C 500×500 Bauhöhe 160 mm	Klasse D 500×500 Bauhöhe 160 mm
AC BC A1C B1C	A2C B2C A3C B3C	AD BD A1D B1D
0,70 h/Stück	0,85 h/Stück	0,95 h/Stück

6.3 Straßenabläufe nach DIN 4052 regulieren einschl. Aufbruch und Wiederherstellung des Straßenoberbaus

Regulieren des Ablaufs

Art der Arbeit	Zeitaufwand h/Stück
Aufsatz DIN 19594, 19583 ausbauen	0,30
Ausgleichschicht abbrechen	0,22
Ausgleichschicht mit Kanalklinker DIN 4051 Form C herstellen	1,00
Ausgleichschicht aus Beton herstellen	0,55
Aufsatz DIN 19594, 19583 einbauen	0,70
Fugen schneiden in der Deckschicht m	0,38
Fugen schneiden im Beton m	0,40
Fugen vergießen m	0,14

Reparatur des Straßenoberbaus (Flächen bis 1,5 m²)

	Bituminöse Bauweisen (Bauklassen I bis V nach RStO 86)		Beton B 15 bis B 45	
Schichtdicke in cm	Aufnehmen h/Stück	Herstellen h/Stück	Aufnehmen h/Stück	Herstellen h/Stück
12	0,78	0,86	–	–
14	0,84	1,01	–	–
16	0,96	1,15	–	–
18	1,08	1,30	1,00	1,68
20	1,20	1,44	1,10	1,72
22	1,32	1,58	1,40	1,77
24	1,44	1,73	–	–
26	1,56	1,87	–	–
28	1,68	1,99	–	–
30	1,80	2,16	–	–
32	1,92	2,30	–	–

Großsteinpflaster DIN 18502 Größen 1 bis 5			Wassergebundene Schotterdecke		
Größe	Aufnehmen h/Stück	Herstellen h/Stück	Schichtdicke in cm	Aufnehmen h/Stück	Herstellen h/Stück
1 und 2	0,25	1,84	5 bis 10	0,43	0,55
3 und 4	0,27	1,94	10 bis 15	0,65	0,68
5	0,29	2,00	15 bis 20	0,88	0,98
			20 bis 25	1,30	1,45
			25 bis 30	1,45	1,65

6.4 Betonteile für Straßenabläufe nach DIN 4052 einbauen

(ohne Erdarbeiten)

(Betonteile d = 450 mm)

Bezeichnung der Betonteile	Bauhöhe in mm	Gewicht in kg	h/Stück
1 a Boden	330	96	0,40
2 a Boden	300	70	0,38
3 a Muffenteil	350	80	0,70
3 b Muffenteil mit Abgang 45°	395	98	0,79
5 b Schaft	295	60	0,59
5 c Schaft	195	40	0,39
5 d Schaft	570	110	1,14
6 a Zwischenteil	295	60	0,59
6 b Zwischenteil	195	40	0,39
10 a Auflagerring	60	29	0,12
10 b Auflagerring	60	9	0,12
11 Schaftkonus	295	53	0,59

6.5 Sickerschacht herstellen im Absenkverfahren

Die Zeitaufwandwerte beruhen auf folgenden Annahmen:

T = 4,00 m. Der überschüssige Boden wird nicht abgefahren.
Zeitaufwandwerte in h/Stück.

Lohn:	Boden ausheben (3 Mann je 8 Std.) (1,00×1,00×3,14)×4,00 m	= 24,00 h	
	Sickerringe setzen (2 Mann je 6 Std.)	= 12,00 h	
	+Abdeckplatten 25 cm dick		
	Stahlbeton mit Baggerhilfe setzen	= 1,80 h	
	Ausgleichsringe auflegen	= 0,15 h	
	15 t Abdeckung verlegen	= 0,85 h	
	13 St. Steigeisen befestigen	= 8,50 h	
	Zusammen:	47,30 h	
	× Mittellohn DM . . . . . h		= . . . . DM

Material:	6 St. Sickerringe 2000/500	=	= . . . . DM	
	1 St. Abdeckplatte 2400/250	=	= . . . . DM	
	2 St. Ausgleichsringe	=	= . . . . DM	
	13 St. Steigeisen (kurz)	=	= . . . . DM	
	200 l Beton B . . . . = .../m³	=	= . . . . DM	
	1 St. Schmutzdeckel	=	= . . . . DM	
			= . . . . DM	. . . . DM

Geräte:	1 Bagger . . . . PS+Zusatzgeräte	. . . . DM	
	. . . . . . Jahre . . . . . . v. H.	= . . . . DM	
	. . . .	= . . . . DM	
	M.A.V.	. . . . DM	= . . . . DM
		. . . . Tg.	

Kosten für Betriebsstoffe:

a) . . . . PS × . . . . kg mithin . . . . × . . . . kg je . . . . . = ... × . . . . . Std.	= . . . . DM	
b) Öl und Schmiermittel . . . . % von a)	= . . . . DM	. . . . DM

Sonstige Kosten:

. . . . . % Zuschlag auf 1.1	= . . . . DM	
. . . . . % Zuschlag auf 2.1	= . . . . DM	
. . . . . % Zuschlag auf 3.1	= . . . . DM	. . . . DM

Nettoangebotssumme: . . . . DM

6.6 Sickerschächte aus Betonringen

Betonringe Höhe = 20
Höhe = 25
Höhe = 30
Höhe = 50

Schacht	Setzen der Betonringe d = 0,80 bis 3,00 m						
Tiefe	0,80	1,00	1,25	1,50	2,00	2,50	3,00
m	h/m	h/m	h/m	h/m	h/m	h/m	h/m
1,50	1,35	1,80	2,15	2,80	3,65	4,00	4,85
2,00	1,80	2,40	2,65	3,15	4,25	4,80	5,15
2,50	2,15	3,00	3,90	4,10	4,90	5,60	6,05
3,00	–	3,65	4,35	5,00	5,55	6,40	7,00
3,50	–	–	4,80	5,85	6,20	7,00	7,85
4,00	–	–	5,25	6,75	6,85	7,95	8,95
4,50	–	–	–	7,65	7,50	8,80	9,90
5,00	–	–	–	–	8,15	9,75	11,00
5,50	–	–	–	–	8,80	10,40	12,05
6,00	–	–	–	–	9,45	11,20	13,40
7,00	–	–	–	–	–	13,65	15,20

6.7 Schachtabdeckungen für Einstiegschächte verlegen

DIN 19584 – AD 400 Klasse D Bauhöhe 160 mm		DIN 4271 – R-B 125 Klasse B Bauhöhe 125 mm	
A 1-2-4	A2 2-4-6	Q3 R2	R-1 R-2
1,50 h/Stück	1,80 h/Stück	1,35 h/Stück	1,00 h/Stück

7. Transporte und Zwischentransporte

7.1 Transporte auf Stadtstraßen, Bundesstraßen und Autobahnen

Fahrzeiten h/angegebene km

Fahrzeug-nutzlast in t	Stadtverkehrsstraße				Bundesstraße			Bundesautobahn		
	1 km	5 km	10 km	20 km	5 km	10 km	20 km	10 km	20 km	30 km
2	0,018	0,09	0,18	0,36	0,05	0,10	0,20	0,08	0,16	0,24
3	0,020	0,10	0,20	0,40	0,08	0,16	0,32	0,12	0,24	0,36
5	0,025	0,13	0,25	0,50	0,10	0,20	0,40	0,14	0,28	0,42
7	0,031	0,15	0,31	0,62	0,12	0,24	0,48	0,20	0,40	0,60
9	0,041	0,21	0,41	0,82	0,18	0,36	0,72	0,31	0,62	0,93
10	0,062	0,31	0,62	1,24	0,24	0,48	0,96	0,45	0,90	1,35
12	0,079	0,40	0,79	1,58	0,33	0,66	1,32	0,60	1,20	1,80
15	0,086	0,43	0,86	1,72	0,40	0,80	1,60	0,72	1,44	2,16
20	0,097	0,49	0,97	1,94	0,42	0,84	1,68	0,80	1,60	2,40

Berechnungsschema:

Für einen Transport über 20 km Bundesstraße, Fahrzeuggröße 10 t,

Standzeit	.... h	
Beladezeit	.... h	
Fahrzeit	0,96 h	(gemäß obenstehender Fahrzeitentabelle)
Verkehrsfaktor	0,10 h	(Schätzwert zur Erfassung durchschnittlicher Verkehrsbehinderungen)
Entladen	.... h	
Zusammen	.... h	× ..... DM (G.N.T.) = ... DM

$$1\ m^3 \ \frac{.......\ DM}{....\ m^3} = \qquad DM$$

Beispiel: 1 Fahrzeug 10 t/12 m³ Sand (Zeile 6 – Spalte 9)

a) Standzeit = h
b) Beladezeit = h
c) Fahrzeit = h
d) Verkehrsfaktor = h
e) Entladen = h

h × .... DM (G.N.T.) = ... DM

$$1\ m^3 = \frac{DM}{12\ m^3} = \qquad DM$$

7.2 Zwischentransporte auf Baustellen

Material in Karren von 0–50 m transportieren

Material	h/m³ h/t h/m² h/m	bis 10 m	bis 20 m	bis 30 m	bis 40 m	bis 50 m
Mutterboden	m³	0,18	0,28	0,38	0,48	0,58
Sand	m³	0,20	0,30	0,40	0,50	0,60
Kies	m³	0,25	0,35	0,45	0,55	0,65
Splitt	t	0,12	0,24	0,36	0,50	0,65
Schotter	t	0,11	0,22	0,34	0,47	0,59
Packe	t	0,10	0,20	0,30	0,40	0,50
Gehwegplatten	m²	0,09	0,10	0,11	0,12	0,13
Mosaik	m²	0,03	0,05	0,07	0,09	0,15
Kleinsteinpflaster	m²	0,06	0,08	0,10	0,12	0,15
Kopfsteinpflaster	m²	0,10	0,12	0,14	0,16	0,21
Reihensteinpflaster	m²	0,22	0,24	0,26	0,29	0,32
Bordsteine A1	m	0,06	0,12	0,18	0,25	0,31
Bordsteine A2	m	0,04	0,08	0,12	0,19	0,30
Bordsteine A3	m	0,04	0,08	0,12	0,17	0,30
Bordsteine A4	m	0,03	0,06	0,09	0,15	0,27
Bordsteine A5	m	0,03	0,06	0,09	0,15	0,27
Bordsteine B6	m	0,02	0,04	0,08	0,14	0,25
Bordsteine B7	m	0,02	0,04	0,08	0,14	0,25

8. Bodenauflockerung

8.1 Auflockerungsfaktoren

Zeitaufwand im Erdbau im Hand- und Maschinenbetrieb

Art des Materials	Auflockerung in v. H.		Zeitaufwand	
	im gelösten Zustand	bleibende Auflockerung	h/m³ Handarbeit	h/m³ Maschinenarbeit
Schlammiger Boden Triebsand	0	0	2,88	0,053
Mutterboden	10–22	2– 5	0,90	0,021
Sand	12–20	5– 9	1,20	0,023
Festgelagerter Lehm	16–22	5–11	1,40	0,025
Kiesiger Lehm, leichter Ton	11–19	3– 9	1,51	0,027
Fester Ton	18–26	4– 7	2,55	0,029
Schwerer Lehm	26–33	9–15	2,55	0,032
Beton	30–45	24–40	4,00	–
Hackfels	26–48	12–24	3,85	0,053
Schwerer Sprengfels	32–60	22–38	4,65	–
Mergel	16–20	2– 4	2,53	0,031
Kies Beton	35–50	24–45	4,45	–

9. Grundwasserabsenkung im Rohrleitungsbau

9.1 Erläuterung

Was ist Grundwasserabsenkung?

Die Grundwasserabsenkung erfolgt durch Entziehen oder Verdrängen des Grundwassers im Boden, wodurch der natürliche Grundwasserspiegel gesenkt wird. Diese Maßnahme wird in der Bauwirtschaft bevorzugt zur Trockenlegung von Baustellen durchgeführt.

Die Grundwasserabsenkung soll mit dem geringstmöglichen Aufwand durchgeführt werden. Dennoch muß der Erfolg absolut sichergestellt sein.

Die Grundwasserabsenkung

Für die Grundwasserabsenkung gibt es zwei Verfahrensgruppen:

A. Man verdrängt das Wasser im Boden.
B. Das Wasser wird dem Boden entzogen.

Bei der zweiten Gruppe unterscheidet man in:

1. Offene Wasserhaltung.
2. Waserhaltung mit Bohrbrunnen:
   a. Flachbrunnen
   b. Tiefbrunnen
   Sowohl Flach- als auch Tiefbrunnen können als Schwerkraft- oder als Vakuumbrunnen ausgebildet sein.
3. Wasserhaltung mit Spülfiltern.
   Auch das Spülfilterverfahren wird als Vakuum- oder als Schwerkraftverfahren eingesetzt.

Die Auswahl des jeweils zweckmäßig und wirtschaftlich einzusetzenden Verfahrens hängt von der jeweiligen Bodenstruktur ab.

9.2 Optische Kennung von Korngrößen

Korngrößen in mm	Benennung	optische Kennung
63 bis 20	Grobkies	Haselnuß bis Hühnerei
unter 20 bis 6,3	Mittelkies	Erbse bis Haselnuß
unter 6,3 bis 2	Feinkies	Streichholzkopf bis Erbse
unter 2 bis 0,6	Grobsand	Gries bis Streichholzkopf
unter 0,6 bis 0,2	Mittelsand	etwas Grieß
unter 0,2 bis 0,06	Feinsand	Korn mit dem Auge noch erkennbar, kleiner als Grieß
Feinkornbereich		
Korngruppe (Größen in mm)	Benennung	optische Kennung
0,06 bis 0,02	Grobschluff	Körnung mit dem Auge nicht mehr erkennbar
unter 0,02 bis 0,006	Mittelschluff	
unter 0,00 bis 0,002	Feinschluff	
unter 0,002 bis 0,000	Ton	

9.3 Aufbau einer Bohrbrunnenanlage

a) 25 m Anlage, 3,0 m Kanaltiefe, Brunnenabstand 6,0 m, geschätzter Wasseranfall 80,0 m³.
Empfehlung:
Brunnen 8,0 m tief, DN 100, Absauger DN 70, Sammelleitung DN 125.

b) 100 m Anlage, 4,5 m Kanaltiefe, Brunnenabstand 6,0 m, geschätzter Wasseranfall 400,0 m³.
Empfehlung:
Brunnen 8,0 m tief, DN 150, Absauger DN 89, Sammelleitung DN 150.

c) 15×30 m Baugrube 2,5 m tief, Brunnenabstand 7,5 m, geschätzter Wasseranfall 250,0 m³.
Empfehlung:
Brunnen 8,0 m tief, DN 150, Absauger DN 89, Sammelleitung DN 150.

d) 100 m Vakuumanlage, verstärkt durch Tiefbrunnen, zur Entlastung hydrostatisch belasteten Wassers. Kanaltiefe 8,0 m, Brunnenabstand 20,0 m, Wasseranfall 360,0 m³.
Empfehlung:
Brunnen 8,0 m tief, DN 200, Steigrohr DN 100, Sammelleitung DN 250.

a)	b)	c)	d)	**I. Brunnen**
DN 125	DN 150	DN 150	DN 200	
5	18	8	6	Stück verschraubbare Filterböden
15	54	24	42	Stück Schlitzbrückenfilter 2 m lang
5	18	8	12	Stück Filtervollrohre 2 m lang

a)	b)	c)	d)	**II. Absauger**
DN 70	DN 89	DN 89	DN 108	
5	18	8	6	Stück Absaugrohre, einerseits mit 90° Bogen VT/I-Gew., 6 m lang
5	18	8	6	Stück Absaugverlängerungsrohre, 2 m lang
–	–	–	12	Stück Absaugverlängerungsrohre, 4 m lang
5	18	8	–	Stück Kugelrückschlagventile
5	18	8	6	Stück Verbindungsschläuche zur Sammelleitung, 1,5 m lang

a)	b)	c)	d)	**III. Sammelleitung**
DN 108	DN 150	DN 150	DN 200	
5	18	8	6	Stück T-Stück mit Absperrschieber
–	–	–	5	Stück Schnellkupplungsrohre, 3 m lang
–	–	18	5	Stück Schnellkupplungsrohre, 5 m lang
5	17	–	10	Stück Schnellkupplungsrohre, 6 m lang
–	1	–	1	Stück Schnellkupplungsbogen 45°
–	1	2	1	Stück Schnellkupplungsbogen 90°
1	3	2	2	Stück Endstopfen VT
1	3	2	–	Stück Endstopfen MT
–	4	1	–	Stück Zwischenstück mit Schieber
1	3	2	–	Stück T-Stück zum Pumpenanschluß
1	6	4	–	Stück Spiralsaug- u. Druckschlauch 3 m lang für Pumpenanschluß
				IV. Flutleitungen
DN 108	DN 300	DN 150	DN 250	Stück Schnellkupplungsrohre nach Bedarf
				V. Pumpenempfehlung
1	1	1	–	Stück Vakuumpumpe, vollautomatisch, luftgekühlt, max. 180 m^3/h
oder		und		
1		1		Stück selbstsaugende Schmutzwasserkreiselpumpe, max. 150 m^3/h
	2			Stück selbstsaugende Schmutzwasserkreiselpumpe, max. 330 m^3/h
			6	Stück U-Pumpen, 70 m^3/h auf 23 m

9.4 Lohnkosten für den An- und Abtransport der erforderlichen Geräte zur Verwendungsstelle

einschl. aller Zwischentransporte und Ladekosten, Auf-, Um- und Abbau von Unterkünften, wie Kolonnenwagen, Toiletten-Waschwagen und Baubuden.

1) Aufstellen der Unterkünfte:

Polierwagen	= 6,0 m²	
Kolonnenwagen	= 10,0 m²	
Toiletten-Waschwagen	= 8,0 m²	
	24,0 m² × 2,0 h	= 48,0 h

2) Baubuden als Magazin

	= 16,0 m² × 4,0 h	= 64,0 h

3) Notstromaggregat, U-Pumpen, Steig- und Druckleitungen, Aufsatzrohre, Ersatzteile, Zähleranschluß, Bauzaun und Absperrvorrichtungen

	= 6 × 8,0 h	= 48,0 h
		160,0 h

4) Be- und Entladen Kran 10 t	= 2 × 4,0 h	= 8,0 h
5) Seilzugbagger	= 2 × 2,0 h	= 4,0 h
6) LKW 10 t	= 6 × 8,0 h	= 48,0 h

Um- und Abbau der unter 1 bis 3 genannten Geräte und Unterkünfte:

80% von 160 h abzüglich der Ladeanteile aus den Positionen 4 bis 6.

9.5 Aufstellen einer Pumpenzentrale (Container)

mit zwölf Kontrollstellen (Bohrkolonne 3 Mann)

Aufbau der Anlage und Anschließen an das Ortsnetz

1) Anschließen	3 × 6,0 h	= 18,0 h
2) Anschließen der Pumpen	3 × 3,0 h	= 9,0 h
3) Bereitgestelltes Aggregat nach Kontrolle und Anweisung anschließen	3 × 2,5 h	= 7,5 h
4) Einbau der Kontrollvorrichtungen		= 5,0 h
		39,5 h

5) Abbau der vorstehenden Einrichtungen
80% von 39,5 h = 31,6 h

9.6 Bedienen der Anlage im 24 h-Betrieb

Lohn:	1 Mann 24 h × ML . . . . . . DM =	= . . . . DM
Gebühren:	für Abwasser/Tag	= . . . . DM
	für Stromzähler/Tag	= . . . . DM
Stromkosten:	100 kW × 24 h = 2400 kWh × . . . . . . DM/kWh	= . . . . DM
Betriebsstoffe:		= . . . . DM
Schmierstoffe:		= . . . . DM
		. . . . DM

9.7 Einbau und Ausbau von Bohrbrunnen, 18,00 m Tiefe

	Rohre DIN 4918		
	DN 470	DN 368	DN 267
Brunnen	10,0 h	6,7 h	6,6 h
Filter und Aufsatzrohre	4,0 h	4,0 h	4,0 h
Kiesschüttung	1,0 h	1,0 h	1,0 h
Filterziehen	2,5 h	2,5 h	2,2 h
Transport	1,0 h	1,0 h	1,0 h
Kolonnen-h	18,5 h	15,2 h	14,8 h

Material: Filtertresse, Filterkies

Bohrkolonne = 3 Mann × Kolonnen-Mittellohn	= . . . . DM
1 Bohrgerät und Seilbagger je h	= . . . . DM

9.8 Bohrbrunnen

Ein- und Ausbau der Rohre, Filter, Kiesschüttung; Transporte innerhalb der Baustelle

Rohre nach DIN 4918

Brunnentiefe in m	Kolonnen-Zeitwerte				
	DN 108	DN 159	DN 216	DN 267	DN 318
0 bis 10	9,30	10,10	10,50	11,00	11,60
10 bis 12	10,10	10,90	11,30	11,80	12,40
12 bis 14	10,90	11,70	12,10	12,60	13,20
14 bis 16	11,70	12,50	12,90	13,40	14,00
16 bis 18	12,50	13,30	13,70	14,20	14,80
18 bis 20	13,30	14,10	14,50	15,00	15,60
20 bis 22	14,70	15,40	15,00	16,40	17,00
22 bis 24	16,10	16,90	17,30	17,80	18,40
24 bis 26	17,40	18,25	18,70	19,20	19,80
26 bis 28	18,90	19,70	20,00	20,90	21,20
28 bis 30	20,40	20,80	21,40	22,30	22,60

Brunnentiefe in m	Kolonnen-Zeitwerte				
	DN 368	DN 419	DN 470	DN 521	DN 572
0 bis 10	12,00	12,50	12,95	13,48	14,12
10 bis 12	12,80	14,00	14,30	15,00	15,40
12 bis 14	13,60	15,00	15,50	16,05	16,51
14 bis 16	14,40	16,50	17,00	17,30	17,65
16 bis 18	15,20	18,00	18,50	18,70	18,95
18 bis 20	16,00	19,50	20,00	20,20	20,40
20 bis 22	17,40	21,00	21,50	21,75	21,85
22 bis 24	18,50	22,50	23,00	23,30	23,50
24 bis 26	20,80	24,00	24,50	24,85	25,10
26 bis 28	22,70	25,50	26,00	26,40	26,61
28 bis 30	25,40	27,00	27,50	27,95	28,12

9.9 Fehlbohrungen

Brunnentiefe in m	Kolonnen-Zeitwerte				
	DN 108	DN 159	DN 216	DN 267	DN 318
0 bis 10	4,72	5,04	5,20	5,40	5,64
10 bis 12	5,04	5,36	5,52	5,72	5,96
12 bis 14	6,45	6,85	7,05	7,30	7,60
14 bis 16	6,85	7,25	7,45	7,70	8,00
16 bis 18	8,50	8,98	9,22	9,52	9,88
18 bis 20	8,98	9,46	9,70	10,00	10,36
20 bis 22	11,76	12,32	12,72	13,12	13,60
22 bis 24	12,88	13,52	13,84	14,24	14,72
24 bis 26	13,92	14,60	14,96	15,36	15,84
26 bis 28	17,96	18,72	19,00	19,86	20,14
28 bis 30	19,38	19,76	20,30	21,19	21,47

Brunnentiefe in m	Kolonnen-Zeitwerte				
	DN 368	DN 419	DN 470	DN 521	DN 572
0 bis 10	5,80	6,00	6,18	6,39	6,65
10 bis 12	6,12	6,60	6,72	7,00	7,16
12 bis 14	7,80	8,50	8,75	9,03	9,26
14 bis 16	8,20	9,25	9,50	9,65	9,83
16 bis 18	10,12	10,80	12,10	12,22	12,32
18 bis 20	11,60	12,70	13,00	13,12	13,24
20 bis 22	13,92	16,80	17,20	17,40	17,48
22 bis 24	15,05	18,00	18,40	18,64	18,80
24 bis 26	16,64	19,20	19,60	19,88	19,91
26 bis 28	21,57	24,22	24,70	25,08	25,28
28 bis 30	24,13	25,65	26,13	26,55	26,88

9.10 Unterwasserpumpen

Einbau, Ausbau und Verlegen der Steigleitung

Pumpenleistung in m^3/h	Einbau h/Stück	Ausbau h/Stück	Steigleitung h/m
24	2,26	1,60	0,25
30	2,40	1,80	0,31
42	2,45	1,85	0,33
48	2,60	1,94	0,45
60	3,00	2,15	0,60
72	3,15	2,35	0,65
120	3,60	2,70	0,70
180	3,80	3,00	0,75

9.11 Vorhaltekosten der Geräte in Betrieb, reguläre Arbeitszeit

In den ausgewiesenen Monats-, Tages- und Stundensätzen sind der mittlere Neuwert, die monatlichen Reparaturkosten und Verzinsungsbeträge sowie die erforderlichen Betriebsstoffe entsprechend der BGL 1991 (EPI 1995) enthalten.

Lfd. Nr.	Art der Geräte		m Stück	Monat DM	Tag DM	Stunde DM
1	Notstromaggregat	32 kW	Stück	2.280,45	76,02	13,41
2	Hydraulikbagger	50 kW	Stück	11.977,69	399,26	70,46
3	Autokran	100 kW	Stück	19.034,00	634,47	111,96
4	Kolbenkompressor	6 m³/min	Stück	3.342,85	111,43	19,66
5	Pumpen für Sandwassergemisch	32 m³/h	Stück	804,00	26,80	4,73
6	Unterwasserpumpen	72 m³/h	Stück	418,00	13,93	2,46
7	Unterwasserpumpen	100 m³/h	Stück	1.640,00	54,67	9,65
8	Vakuumanlagen	110 m³/h	Stück	1.293,00	43,10	7,61
	Rohre und Armaturen					
9	Filter und Aufsatzrohre	DN 100	m	10,90	0,36	0,06
10	Filter und Aufsatzrohre	DN 125	m	12,05	0,40	0,07
11	Filter und Aufsatzrohre	DN 150	m	14,00	0,47	0,08
12	Filter und Aufsatzrohre	DN 200	m	16,05	0,54	0,09
13	Filter und Aufsatzrohre	DN 250	Stück	21,90	0,73	0,13
14	Krümmer mit Kardangelenk 30°, 45°, 60°, 90° für Schnellkupplungsrohre	DN 125	Stück	10,80	0,36	0,06
15	Leichte Schnellkupplungsrohre	DN 125	Stück	3,05	0,10	0,02
16	T-Stücke	DN 125	Stück	15,00	0,50	0,09
17	Absperrschieber	DN 125	Stück	15,00	0,50	0,09
18	Rückschlagventil	DN 125	Stück	35,85	1,20	0,21
19	Fußventil	DN 125	Stück	25,40	0,85	0,15
20	Absperrschieber	DN 125	Stück	15,00	0,50	0,09
21	Flanschenrohre	DN 125	m	2,00	0,07	0,01
22	Wasserbehälter	3,0 m³	Stück	50,60	1,69	0,30
23	Seilzugbagger		Stück	9.300,00	310,00	54,71
24	Pumpenzentrale mit 12 Schalteinrichtungen			1.800,00	60,00	10,59

ohne Berechnung der Betriebsstoffe
(innerhalb und außerhalb der regulären Arbeitszeit)

Lfd. Nr.	Art der Geräte		m Stück	Monat DM	Tag DM	Stunde DM
25	Bauwagen	10 m²	Stück	650,82	21,69	3,83
26	Baubude/Magazin	1 m²	–	6,00	0,20	0,04
27	Wasch- u. Toilettenwagen, Standardausführung 20 Mann		Stück	875,55	29,19	5,15
28	Schweißaggregat	22 kW	Stück	2.963,39	98,78	17,43
29	Stromaggregat	50 kW	Stück	3.248,04	108,27	19,11
30	Kompressoren	1 m³	–	840,00	28,00	4,94
31	Kompressoren	3 m³	–	1.140,00	38,00	6,71
32	Kompressoren	10 m³	–	2.850,00	95,00	16,76
33	Kompressoren	16 m³	–	5.370,00	179,00	31,59
34	Aufbruchhammer	22 kg	Stück	365,00	12,17	2,15
35	Abbau- und Spatenhammer	11 kg	Stück	321,27	10,71	1,89
36	Druckluftschlauch	3/4″ 20 m	m	95,00	3,17	0,56
37	Spitz- und Flachmeißel		Stück	180,00	6,00	1,06
38	Spatenmeißel		Stück	200,00	6,67	1,18

Grundlage der Berechnungen: BGL 1991 (EPI) 1995

9.12 Wasserhaltung mit Vakuumfiltern

Erstellen einer Wasserhaltung mit Vakuumfiltern

An- und Abtransport der Vakuumfilteranlage mit den erforderlichen Geräten zur Verwendungsstelle, Aufstellen und Entfernen der Bauwagen, Baubuden, Wasch- und Toilettenwagen, einschließlich aller Zwischentransporte, Fuhr- und Ladekosten.

Lohnkosten:	Verladekosten	= h × ML	....
	Aufstellen der Bauwagen	m^2 × h × ML	....
	Baubuden	m^2 × h × ML	....
	Wasch- und Toilettenwagen	m^2 × h × ML	....
Fuhrkosten:	1 LKW .... t	× h × GNT	....

Auf-, Um- und Abbau der gesamten Vakuumfilteranlagen mit Betriebspumpen und einer stromunabhängigen Reserveaggregatstation mit gleicher Leistung wie die Hauptanlage, der Saug-, Druck- und Abflußleitungen und aller sonstigen Geräte, Einrichtungen und Werkzeuge.

Lohnkosten:	Aufbau der Anlage	= h × ML	....
	Verlegen der Saugleitungen	m × h × ML	....
	Druckleitungen	m × h × ML	....
	Abflußleitungen	m × h × ML	....
	Erdarbeiten	h × ML	....

Stoffkosten: Strom- und Zählergebühren, Wasser für das Einspülen der Filter, Betriebs- und Schmierstoffe.

Beispiel

Vakuumanlage mit einer Leistung von 140 m^3/h

Energiebedarf 10 kW

Saugleitung	180 m	DN 100
Druck- und Abflußleitung	160 m	DN 125

60 Stück Spülfilterbrunnen einschließlich der Anschlußschläuche einbauen bzw. einspülen, mit den Saugleitungen verbinden und später ziehen.

Brunnenabstand 1,50 bis 2,00 m

Spülfilter DN 50

Für 1 Stück Filter werden 6,5 h benötigt.

9.13 Verlegen von Rohrleitungen auf vorbereitete Auflager

einschließlich Verlegen/Einbau von Absperrschiebern, Ventilen und T-Stücken

DN	Rohrleitungen h/m	Absperrschieber h/Stück	Ventile h/Stück	T-Stücke h/Stück
80	0,40	1,80	1,00	0,85
100	0,42	2,00	1,30	0,95
125	0,46	2,15	1,49	1,00
150	0,55	2,25	1,65	1,15
200	0,61	2,63	1,80	1,29
250	0,73	3,00	2,05	1,45
300	0,84	3,45	2,30	1,85
400	1,00	5,15	2,65	2,49

9.14 Verlegen von Schnellkupplungsrohren und Formstücken

(leichte Bauweise) einschließlich Transport bis 50 m

DN	Rohre h/m	Zwischenstück mit Schieber h/Stück	T-Stücke h/Stück	Y-Stücke h/Stück	Reduzierstück MT-VT h/Stück
80	0,31	0,40	0,45	0,38	0,33
100	0,33	0,50	0,53	0,42	0,38
125	0,38	0,75	0,60	0,48	0,43
150	0,41	0,80	0,66	0,50	0,49
200	0,44	0,95	0,72	0,55	0,55

9.15 Sohlverbesserungsschichten

Bodenaushub einschließlich Herstellung des Rohplanums

Tiefen in m	Bodenaushub h/m²					
	Dicken in cm					
	10	15	20	25	30	40
2,00	0,41	0,50	0,60	0,66	0,78	0,92
2,50	0,44	0,53	0,66	0,71	0,87	1,10
3,00	0,48	0,60	0,72	0,82	0,92	1,15
3,50	0,50	0,63	0,77	0,89	1,01	1,30
4,00	0,53	0,66	0,83	0,92	1,08	1,35
4,50	0,55	0,70	0,88	1,00	1,12	1,45
5,00	0,58	0,75	0,91	1,08	1,20	1,50
5,50	0,61	0,78	0,98	1,13	1,26	1,58
6,00	0,65	0,82	1,03	1,20	1,35	1,66

einschließlich Einbringen von Kies (Siebkies) sowie Ausgleichen und Einrütteln

Tiefen in m	Einbringen der Baustoffe h/m²					
	Dicken in cm					
	10	15	20	25	30	40
2,00	0,35	0,40	0,48	0,55	0,58	0,61
2,50	0,35	0,40	0,48	0,55	0,58	0,61
3,00	0,38	0,42	0,50	0,57	0,60	0,68
3,50	0,38	0,42	0,50	0,57	0,60	0,68
4,00	0,42	0,48	0,54	0,62	0,66	0,71
4,50	0,42	0,48	0,54	0,62	0,66	0,71
5,00	0,47	0,51	0,60	0,66	0,76	0,81
5,50	0,47	0,51	0,60	0,66	0,76	0,81
6,00	0,49	0,53	0,62	0,69	0,80	0,85

9.16 Anlegen von Pumpensümpfen in Rohrgräben

Länge in m	Breite in m	Tiefe in m	Bodenklassen 2 bis 4 DIN 18300		
			2 h/Stück	3 h/Stück	4 h/Stück
0,80	0,80	0,80	1,45	0,80	1,10
1,00	1,00		2,28	1,28	1,73
0,80	0,80	1,00	1,82	0,99	1,37
1,00	1,00		2,85	1,60	2,14
0,80	0,80	1,20	2,16	1,22	1,64
1,00	1,00		3,42	1,92	2,58
1,00	1,00	1,50	4,28	2,40	3,22
1,20	1,20		5,16	3,45	4,64

9.17 Entleeren von Druckrohrleitungen

Die Zeitwerte enthalten:

Aufstellen der Entleerungsanlage;

Anbohren der Leitung;

Eindichten und Gewindeschneiden;

Anbringen der Stutzen;

Verlegen der Abflußleitung;

Abbau der Entleerungsanlage;

Zeitaufwand für das Verladen der Geräte.

Es sind hinzuzurechnen:

Fuhrkosten;

Vorhalten der Geräte;

Pumpenwart.

Der Einheitspreis entsteht wie folgt:

Zeitwert × Mittellohn	= . . . . DM
+ Fuhrkosten	= . . . . DM
+ Vorhalten der Geräte × h	= . . . . DM
+ Pumpenwart ML × h	= . . . . DM
	= . . . . DM

Pumpenleistung 40 m³/h

DN	Zeitaufwand für eine Leitungslänge von				
	100 m	200 m	300 m	400 m	500 m
1400	4,43	7,99	11,17	15,54	19,35
1200	3,41	5,94	8,67	11,45	14,24
1100	2,96	5,04	7,32	9,65	11,99
1000	2,55	4,22	6,08	8,00	9,93
900	2,18	3,47	4,97	6,51	8,07
800	1,84	2,80	3,96	5,17	6,39
700	1,54	2,21	3,17	3,99	4,92
600	1,29	1,71	2,32	2,98	3,66
500	1,08	1,27	1,67	2,11	2,57
450	0,98	1,09	1,39	1,74	2,11
400	0,90	0,92	1,09	1,41	1,69
350	0,83	0,77	0,92	1,11	1,32
300	0,76	0,65	0,68	0,86	0,99
250	0,71	0,54	0,56	0,64	0,73
200	0,66	0,45	0,43	0,46	0,51

DN	Zeitaufwand für eine Leitungslänge von				
	600 m	700 m	800 m	900 m	1000 m
1400	23,18	27,00	30,87	34,69	38,58
1200	17,05	19,86	22,67	25,49	28,31
1100	14,35	16,71	19,03	21,44	23,81
1000	11,87	13,82	15,77	17,73	19,68
900	9,54	11,21	12,79	14,38	15,96
800	7,63	8,87	10,11	11,36	12,61
700	5,89	6,80	7,75	8,71	9,66
600	4,34	5,04	5,73	6,43	7,13
500	3,04	3,51	4,00	4,48	4,96
450	2,48	2,87	3,25	3,64	4,03
400	1,99	2,29	2,59	2,90	3,21
350	1,54	1,76	1,99	2,23	2,46
300	1,16	1,33	1,49	1,66	1,83
250	0,83	0,94	1,05	1,17	1,28
200	0,56	0,63	0,69	0,76	0,83

Pumpenleistung 50 m³/h

DN	Zeitaufwand für eine Leitungslänge von				
	100 m	200 m	300 m	400 m	500 m
1400	3,66	6,45	9,43	12,43	15,51
1200	2,85	4,81	6,98	9,19	11,42
1100	2,49	4,09	5,90	7,75	9,62
1000	2,16	3,43	4,91	6,43	7,97
900	1,86	2,84	4,01	5,23	6,48
800	1,59	2,30	3,21	4,16	5,14
700	1,35	1,83	2,50	3,22	3,96
600	1,15	1,43	1,89	2,46	2,95
500	0,98	1,08	1,37	1,71	2,08
450	0,90	0,93	1,15	1,42	1,71
400	0,84	0,80	0,95	1,15	1,38
350	0,78	0,68	0,77	0,91	1,08
300	0,73	0,58	0,62	0,71	0,83
250	0,68	0,49	0,49	0,54	0,61
200	0,65	0,42	0,38	0,39	0,43

DN	Zeitaufwand für eine Leitungslänge von				
	600 m	700 m	800 m	900 m	1000 m
1400	18,57	21,63	24,70	27,77	30,84
1200	13,64	15,90	18,15	20,41	26,67
1100	11,50	13,38	15,27	17,17	19,06
1000	9,52	11,07	12,63	14,20	15,76
900	7,73	8,99	10,25	11,51	12,78
800	6,12	7,11	8,11	9,10	10,10
700	4,71	5,46	6,22	6,98	7,74
600	3,49	4,05	4,60	5,16	5,72
500	2,45	2,83	3,21	3,59	3,98
450	2,01	2,31	2,62	2,93	3,24
400	1,61	1,85	2,09	2,33	2,58
350	1,25	1,43	1,61	1,79	1,98
300	0,95	1,08	1,21	1,34	1,48
250	0,69	0,77	0,86	0,95	1,04
200	0,47	0,52	0,57	0,62	0,68

10. Verkehrslenkung

10.1 Kennzeichnen der Baustelle nach der StVO

Reflektierende Verkehrsschilder		h
Z 123; Z 205; Z 210 aufstellen und abbauen	Stück	0,50
Absperrbaken aufstellen und abbauen	Stück	0,75
Absperrschranken aufstellen und abbauen	m	0,70
Verkehrslenkungstafeln z. B. 468, 469, 470 o. ä.	Stück	12,00
Lampen aufstellen und abbauen	Stück	0,50
Lichtzeichenanlage 2 Ampeln aufstellen und abbauen	Stück	25,00

10.2 Markierung der Fahrbahn

Markierung der Fahrbahn herstellen Markierungsfarbe (600 g/m²) in zwei Arbeitsgängen auftragen		
Markierungsbreite	m	h
	0,12	0,10
	0,20	0,15
	0,25	0,15
	0,50	0,20
Markierung aus thermoplastischem Material		
Markierungsbreite	m	h
	0,12	0,20
	0,20	0,20
	0,25	0,25
	0,50	0,25
Markierung aus kaltplastischem Material		
Markierungsbreite	m	h
	0,12	0,25
	0,20	0,25
	0,25	0,30
	0,50	0,30

Stichwortverzeichnis

Abdrücken und Abdichten von Stahlrohren 34
Asbestfreie-Faserzement-Rohre
- Druckrohre 37
- Kanalrohre 36
Asphaltbeton 18
Asphaltbinder 16
Asphaltmastix 20
Asphalt und bituminöser Unterbau 27
Außendichtungen von Rohrverbindungen 55

Baustellenkennzeichnung 130
Betonaufbruch über Rohrgräben 97
Beton herstellen und einbauen 13
Betonkantensteine 10
bituminöse Decken (Regelbauweisen) 14
bituminöse Schlämme 17
Blech- und Rohrlängsschnitte 83
Blech- und Rohrlängsschweißnähte 83
Bodenauflockerungen 111
Bodenverdrängung durch Rohre 28
Bohrbrunnenanlage
- Aufbau 113
- An- und Abtransport 115
Bordsteine 11
- aus Naturstein 11
- aus Beton 12
Brücken 97
Brunnenein- und -ausbau (Grundwasserabsenkung) 117

Decken aus Schotter 27
Druckleitungen
- entgasen 60
- entleeren 60
Druckrohrverbindungen
- lösen 81
- Stemmuffen 81
- Außendichtungen 55
- Verstärkungen 56
Durchbrüche (Mauerwerk und Beton) 98

Einsteigeschächte 53
- aus Mauerwerk 52
- aus Betonringen 54
Entgasen von Druckleitungen 60
Entleerung von Druckleitungen 127
Erdaushub für Rohrleitungsbau
- Handschachtung 84
- mit Gerät 91

Fahrbahnmarkierung 130
Fehlbohrungen (Grundwasserabsenkung) 119
Fugenvergußarbeiten 23

Gasdruckleitungen prüfen 61
Gehwegplatten 10
Gerätekosten (Grundwasserabsenkung) 121
Grasnarbe 95
Großpflaster 105
Grundwasserabsenkung 112
Gußasphalt 19

Isolierarbeiten an Stahlrohren 35
Isolierungen an Druckrohren 63
- Außenisolierungen 63
- Innenisolierungen 65

Kabelkanalformsteine 101
Kabelschächte
- aus Mauerwerk 99
- aus Fertigteilen 100
Kabel verlegen 101
Kanalabschnitte instand setzen 80
Keilschieber ein- und ausbauen 31
Kennzeichnen der Baustelle 130
Kleinsteinpflaster 21
Klinkerpflaster 22
Korngrößen, optische Kennung 112
Krümmer (Stahlrohre) 34

Markierung der Fahrbahn 130
Mosaikpflaster 10
Muffen (Stahlrohre) 83

Oberflächenschutzschichten 16

Packlage 23
Pflaster
- Großpflaster 21
- Kleinsteinpflaster 21
- Klinker- und Ziegelpflaster 22
- Mosaikpflaster 10
- Verbundpflaster 22
Planum (Roh- und Feinplanum) 25
Promenaden-Befestigung 24
Prüfen von Gasdruckleitungen 61
Pumpensümpfe (Grundwasserabsenkung) 126
Pumpenzentrale (Grundwasserabsenkung) 115
- Aufstellen 116
- Bedienung 117

Reduzierstücke 57
Regelbauweisen (bituminöse Decken) 14
Rohrgräben ein- und aussteifen 94
Rohrlängsschnitte 83
Rohrlängsschweißnähte 83
Rohrleitungen
(Grundwasserabsenkung) 112
Rohrstutzen anschweißen 58
Rohrverbindungen 33
– Stahl- und Gußrohre 29
– Steinzeug- und PVC-Rohre 30
Rohrverlegung 28

Sand für Rohrschutz 95
Schachtabdeckungen 108
Schneiden von Druckrohren 56
Schotterdecken 27
Sickerschächte 107
Sohlverbesserungsschichten
(Grundwasserabsenkung) 125
Splittmastixasphalt 19
Stahlrohre schneiden 32
Stahlrohre schweißen 29
Stahlspundbohlen 96
Steigeisen 79
Steinmetzarbeiten 26
Stemmuffenverbindungen an
Druckrohren 55
Straßenabläufe 104
Straßenunterfahrung 103

Teerasphaltbeton 18
Teerasphaltbinder 16
Tragdeckschichten 17
Transporte
– auf Straßen 109
– auf Baustellen 110

U.-Pumpen (Grundwasserabsenkung) 120
Unterflur-Hydranten 82

Vakuumfilter 123
Verbau von Rohrgräben
– mit Holz 94
– mit Stahlspundbohlen 96
Verbindungen lösen 81
Verbundsteinpflaster 22
Verkehrslenkung 130
Verstärkung von Druckrohrverbindungen 56

Wasserhaltung mit Vakuumfiltern 123

Ziegelpflaster 22

GPSR Compliance

The European Union's (EU) General Product Safety Regulation (GPSR) is a set of rules that requires consumer products to be safe and our obligations to ensure this.

If you have any concerns about our products, you can contact us on ProductSafety@springernature.com

In case Publisher is established outside the EU, the EU authorized representative is:

Springer Nature Customer Service Center GmbH
Europaplatz 3
69115 Heidelberg, Germany

Batch number: 10816188

Printed by Printforce, the Netherlands